今すぐ使える かんたん

ぜったいデキます！ Wi-Fi 無線LAN 超入門

Windows 10 対応版

オンサイト 著

技術評論社

本書の使い方

- 操作を大きな画面でやさしく解説！
- 便利な操作を「ポイント！」で補足！
- Q＆Aでもっと使いこなせる！

解説されている**内容**がすぐにわかる！

Section 04

デジカメを接続しよう

- かんたん設定ボタン
- ペアリング
- EOS Utility

Wi-Fi機能搭載のデジカメは、かんたん設定ボタンまたは手動で自宅のWi-Fiルーターに接続できます。ここでは、キヤノンの「EOS Kiss X9」を例に接続方法を紹介します。

どのような操作が**できるようになる**かすぐにわかる！

Wi-Fi機能搭載デジカメでできること

Wi-Fi機能搭載デジカメをWi-Fiルーターに接続すると、デジカメの専用機能を利用できます。利用できる機能はメーカーによって異なりますが、たとえば、パソコンから専用アプリで**リモート撮影**を行ったり、インターネット上の**専用サイトに撮影した写真をアップロード**したりできます。ここでは、リモート撮影ができるようになるまでの設定方法を説明します。なお、取り扱い説明書を参考に、「EOS Utility」をパソコンにインストールしてから作業をしてください。

- やわらかい上質な紙を使っているので、開いたら閉じにくい！
- オールカラーで操作を理解しやすい！

大きな画面と
操作のアイコンで
わかりやすい！

1 「無線通信の設定」画面

をオンにして、

を押します。

便利な操作や
注意事項が
手軽にわかる！

ポイント

操作ボタンの位置などは、デジカメの取り扱い説明書を参照してください。

機器接続編

第3章 いろいろな機器を接続しよう

2 「Wi-Fi設定」画面を表示します

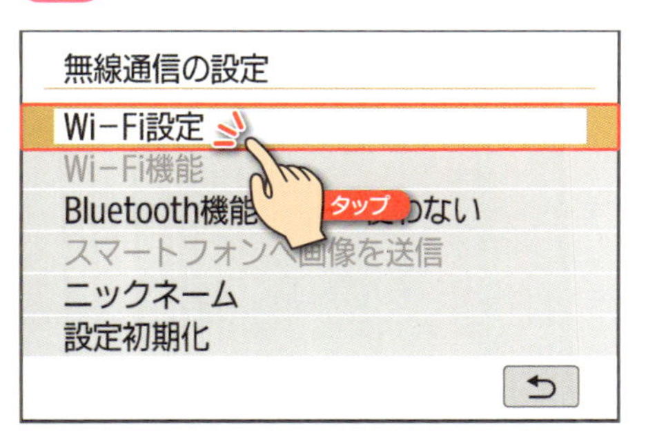

Wi-Fi設定 を

タップ します。

次へ

Contents

基礎編 第1章 Wi-Fiとは

設定編 第2章 パソコンを接続しよう

機器接続編

第3章 いろいろな機器を接続しよう

機器接続編

第4章 スマホやタブレットを接続しよう

外出先編

第5章 外出先でWi-Fiを利用しよう

第6章 トラブル解決編 困ったときのQ&A

ご注意：ご購入・ご利用の前に必ずお読みください

- 本書に記載された内容は、情報提供のみを目的としています。したがって、本書を用いた運用は、必ずお客様自身の責任と判断によって行ってください。これらの情報の運用の結果について、技術評論社および著者はいかなる責任も負いません。

- ソフトウェアに関する記述は、特に断りのないかぎり、2018年1月10日現在での最新情報をもとにしています。これらの情報は更新される場合があり、本書の説明とは機能内容や画面図などが異なってしまうことがあり得ます。あらかじめご了承ください。

- 本書の内容については、以下のOSで制作・動作確認を行っています。製品版とは異なる場合があり、そのほかのエディションについては一部本書の解説と異なるところがあります。あらかじめご了承ください。
  Android 7.1／iOS 11／Windows 10（Fall Creators Update）

- インターネットの情報については、URLや画面などが変更されている可能性があります。ご注意ください。

以上の注意事項をご承諾いただいた上で、本書をご利用願います。これらの注意事項をお読みいただかずに、お問い合わせいただいても、技術評論社および著者は対処しかねます。あらかじめご承知おきください。

1

Wi-Fiとは

この章でできること

- Wi-Fiのことがわかる
- Wi-Fiの利用場所がわかる
- Wi-Fiの通信規格がわかる
- セキュリティ機能がわかる
- Wi-Fiルーター購入時のポイントがわかる

Section 01

この章でやることを知っておこう

- Wi-Fi
- 自宅での利用
- セキュリティ対策

Wi-Fiを利用するには、まずWi-Fiがどのようなものか知っておく必要があります。Wi-Fiが理解できたら、Wi-Fiでインターネットを利用する際のポイントを紹介します。

Wi-Fi（ワイファイ）の基礎知識を紹介します

パソコンやスマホ、携帯ゲーム機、家庭用ゲーム機、プリンターなど、Wi-Fi対応の機器はたくさんあります。
この章では、**そもそもWi-Fiとは何か？** また、**Wi-Fiはどこで利用できるか？** **Wi-Fiを利用するうえでのポイント**などを紹介します。

Section 02 Wi-Fiについて知ろう 12ページ参照
Section 03 どこでWi-Fiが利用できるかを知ろう 14ページ参照

Wi-Fiを自宅で利用する方法を紹介します

Wi-Fiを使うにはどのようにすればよいかを紹介します。どのような**機器が必要**になるのか？　また、**自宅でWi-Fiを利用**して**インターネット**を楽しむにはどうすればよいのか、**セキュリティ対策**はどのようなものがあるかなど、そのポイントを紹介します。

実際にWi-Fiを自宅で利用するにはどうすればよいのか。順に読み進めていくことで、そのポイントがわかります。

基礎編

Section

02 Wi-Fiについて知ろう

- Wi-Fi環境
- Wi-Fiルーター
- ケーブルレス

Wi-Fiとは、特定の無線通信機能を搭載した機器どうしが互いに問題なく接続できることを示す証明書のようなものです。Wi-Fiについて詳しく見ていきましょう。

1 Wi-Fiってそもそも何?

Wi-Fiは、業界団体の「Wi-Fi Alliance（ワイファイ・アライアンス）」が、機器に対して認証試験を行い、**認証された機器に対して与える称号**として使われている用語です。認証された機器は、「Wi-Fi」や「Wi-Fi CERTIFIED」といった**ロゴマークを付けて販売**できます。Wi-Fiの称号が与えられた機器どうしは、無線通信機能を使ってデータのやり取りを行えます。また、Wi-Fiは、無線通信機能そのものを指すことがあります。

ノートパソコン

Wi-Fi ルーター

プリンター

2 ケーブルが不要になる

Wi-Fi機器どうしは、**ケーブルを使うことなく**、無線通信でデータがやり取りできます。
たとえば、パソコンからプリンターで文書を印刷したり、パソコンどうしでファイル共有をしたりといったことがケーブルを使わないで行えます。
なお、本書では、Wi-Fi機器どうしがデータのやり取りを行える状態を**Wi-Fi環境**と呼びます。

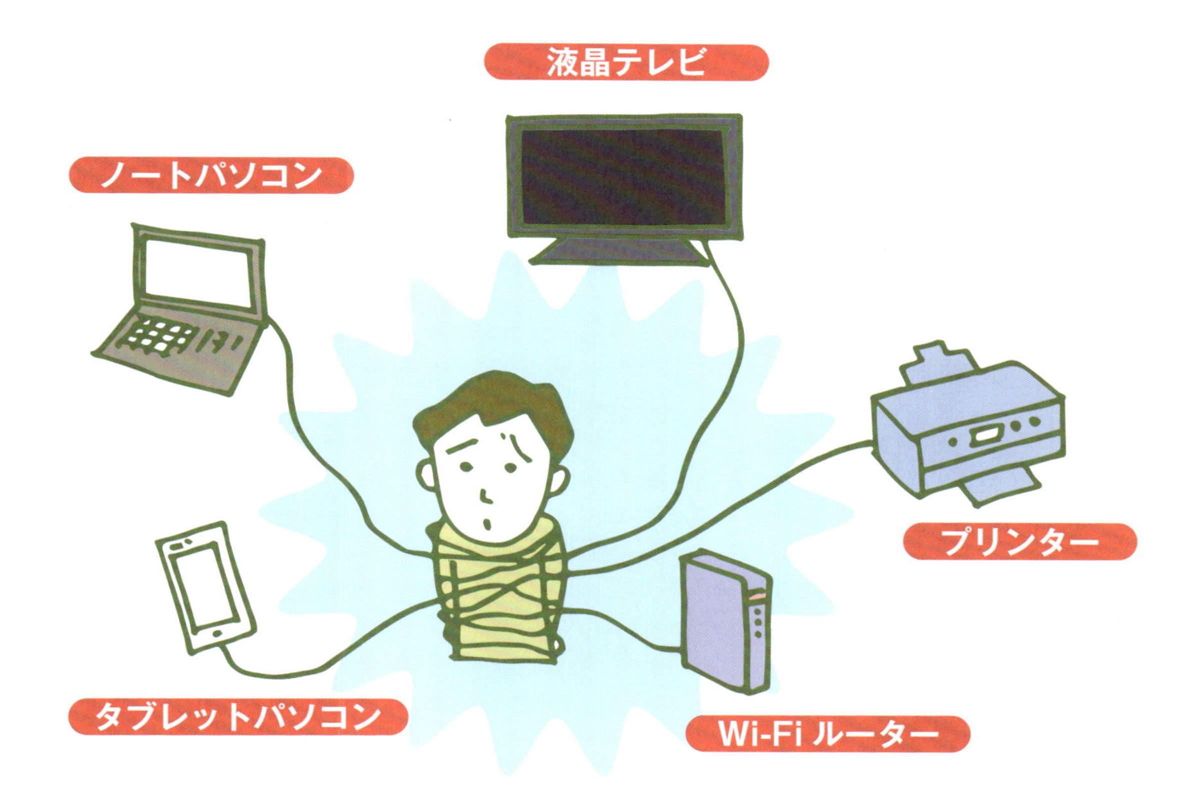

Wi-Fi機器どうしなら、煩わしいケーブルを利用しない無線通信で機器どうしの接続が行えます。

Section 03

どこでWi-Fiが利用できるかを知ろう

- Wi-Fiルーター
- アクセスポイント
- Wi-Fiスポット

Wi-Fiは、いくつかの条件があるものの、自宅でも外出先でも利用できます。その条件とはどのようなものでしょうか。詳しく見ていきましょう。

1 自宅で利用できます

自宅でWi-Fi環境を作るには、**Wi-Fiルーター**という機器を利用します。Wi-Fiルーターは、主に**インターネットに接続する機能**と、Wi-Fi機器からのデータを受け取り、受け取ったデータを**ほかのWi-Fi機器を介してやり取りする機能**を持っています。後者の機能を**アクセスポイント**と呼びます。

自宅でWi-Fiを利用するには、アクセスポイント機能を持つWi-Fiルーターが必要です。

2 外出先で利用できます

外出先でWi-Fiを利用するときは、**街中に設置されている有償または無償のアクセスポイント**を利用します。街中のアクセスポイントは、家庭で使うようなWi-Fiルーターに搭載されているアクセスポイントとは違い、携帯電話の**基地局のようなもの**だと考えてください。**Wi-Fiスポット**とも呼ばれています。

コーヒーショップ

コンビニ

Section
04 Wi-Fiを自宅で利用しよう

- インターネット
- 回線終端装置
- ケーブルモデム

Wi-Fiを自宅で利用するためにWi-Fiルーターを設置すると、Wi-Fi機器どうしが相互につながるだけでなく、Wi-Fi機器からインターネットが利用できるようになります。

1 Wi-Fiルーターでインターネットを利用する

Wi-Fiルーターにはインターネット接続機能があり、Wi-Fi機器はWi-Fiルーターのアクセスポイントを介して、**インターネットを楽しむ**ことができます。アクセスポイント機能は、**Wi-Fi機器どうしがデータのやり取りを行える**ようにするものです。なお、インターネットの利用には、インターネット接続回線が必要になります。

2 インターネットを利用するには　その1

インターネットを利用するには、インターネットサービスプロバイダーと呼ばれる**インターネットに接続するサービスを提供する業者**と契約を結ぶ必要があります。また、その業者との接続に使う**通信回線をNTTなどの通信事業者**と契約します。通常、インターネットサービスプロバイダーと契約をするときに、**同時に通信回線の申し込み**もできます。

3 インターネットを利用するには　その2

契約が済んだら、**回線終端装置**または**ケーブルモデム**と呼ばれる機器が設置されます。これらの機器は、電話の設置に利用されるモジュラージャックに相当するもので、**Wi-Fiルーターとの接続口を提供**します。回線終端装置は、光回線などの通信回線を契約した場合に設置されます。CATV業者のインターネット接続サービスを契約すると、ケーブルモデムが設置されます。

光回線終端装置(ひかり電話ルーター一体型)

ケーブルモデム

Section 05

Wi-Fiの通信規格を知ろう

- 通信規格
- IEEE802.11シリーズ
- 最大速度

Wi-Fiでは、利用する周波数帯域や最大速度の異なる複数の通信規格があります。Wi-Fiを快適に利用するためにも、通信規格を知っておくことは重要です。

1 Wi-Fiの通信規格は5種類

Wi-Fiでは、**IEEE802.11シリーズ**という規格が採用されています。複数の規格がありますが、このうち、5つが採用され、最新のIEEE802.11acの通信速度が一番速い規格になります。

Wi-Fiの規格と最大速度

規格名	周波数帯域	最大速度
IEEE802.11a	5GHz帯	54Mbps
IEEE802.11b	2.4GHz帯	11Mbps
IEEE802.11g	2.4GHz帯	54Mbps
IEEE802.11n	2.4GHz帯／5GHz帯	600Mbps
IEEE802.11ac	5GHz帯	6.93Gbps（理論値）

周波数帯域とは、一般に電波の周波数の範囲のことで、Hz（ヘルツ）で表示されます。速度はbpsという単位で表され、1秒間のデータ転送量を示します。数値が高いほど、多くのデータを転送することができます。

2 通信規格の特徴

Wi-Fi機器は、**5種類の通信規格のどれかを採用**しています。
通信規格が違っても同じWi-Fi機器なので通信はできますが、**通信速度は遅いほうに合わせられます**。たとえば、接続先のアクセスポイントがIEEE802.11ac対応で、自分が利用しているWi-Fi機器がIEEE802.11n対応の場合、通信速度は遅いほうに合わせられるので、IEEE802.11nの最大速度となります。
また、**2.4GHz帯の規格は、障害物に強いという特徴**があるため、屋外のWi-Fiスポットなどで採用されています。5GHz帯の規格は、障害物に弱いというデメリットはありますが、2.4GHz帯よりも**電波干渉が少なく、混雑していない**ため、自宅などの屋内での利用に向いています。

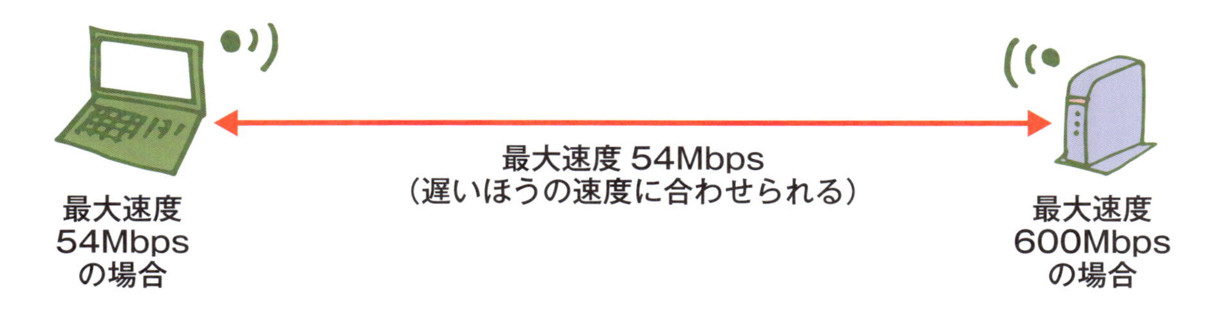

2.4GHz帯

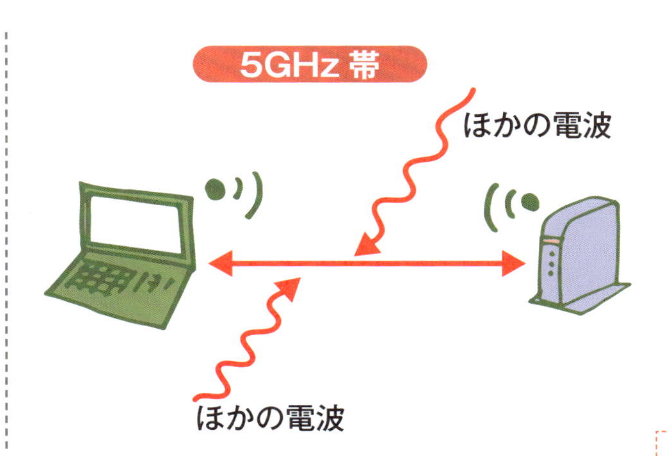

Section 06

セキュリティについて知ろう

- パスワード
- MACアドレスフィルタリング
- SSIDの隠蔽

誰でも受信できる無線を利用するWi-Fiでは、セキュリティ対策が欠かせません。セキュリティは、主にアクセスポイントへの自由な接続を防ぐことで実現します。

1 第三者の覗き見を防ぐパスワード

Wi-Fiのセキュリティの要となっているのが**暗号化方式と認証方式**です。暗号化方式とは、暗号化によって第三者が通信内容を読めないようにする方式です。暗号化は、**アクセスポイント**と**アクセスポイントに接続するWi-Fi機器の通信内容**に施されます。認証方式は、アクセスポイントに接続するWi-Fi機器は**アクセスポイントに認証されなければ接続できない**とする方式です。
この2つは、暗号キーやネットワークセキュリティキーなどと呼ばれる**パスワードを設定**することで利用できます。
なお、暗号化には**AES**という方式、認証には**WPA2**という方式があり、通常は、セキュリティがもっとも高い、この**2つを組み合わせて利用**します。

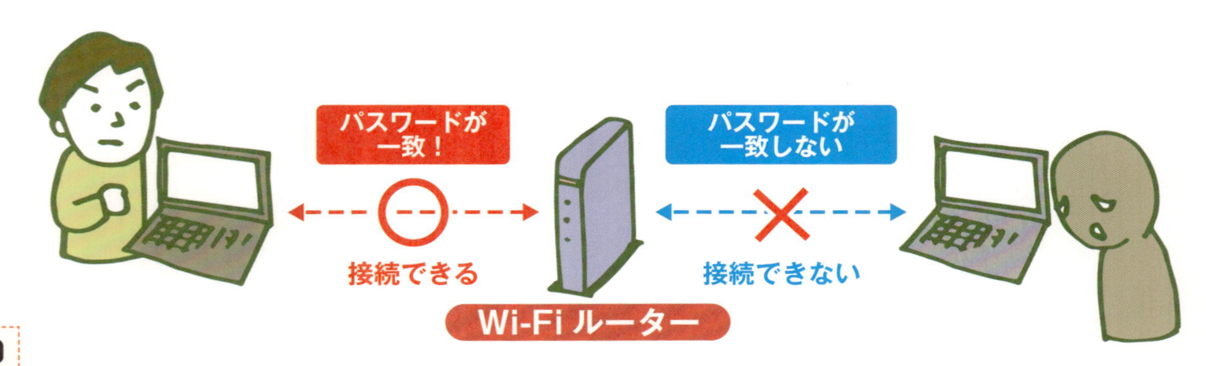

2 セキュリティを高めるMACアドレスフィルタリング

MACアドレスフィルタリングは、**特定のWi-Fi機器のみが接続できるようにする機能**です。通信を許可する機器のMACアドレス（その機器だけが持っている固有の識別情報）を**Wi-Fiルーターに登録**しておき、登録済みの機器以外の接続を拒否します。

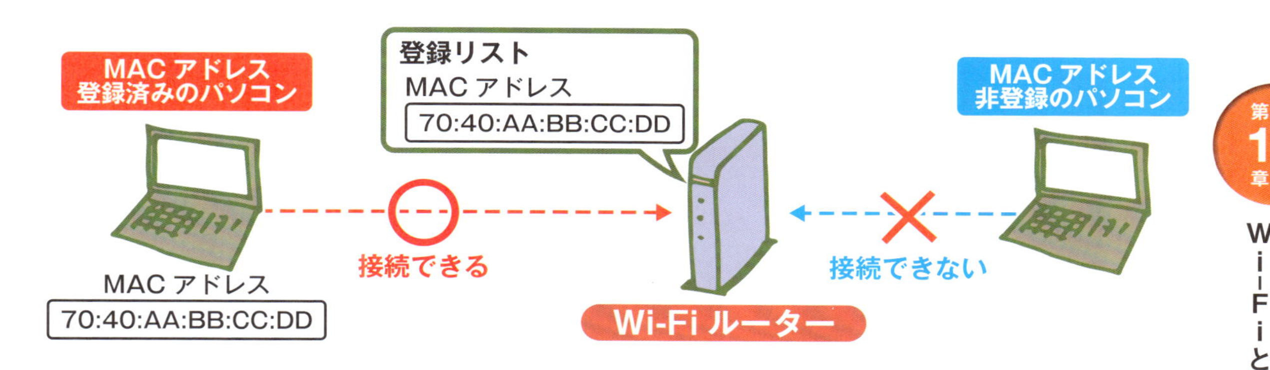

3 SSIDの隠蔽でアクセスポイントを隠す

Wi-Fiでは、**SSID**と呼ばれる**ネットワーク名**を利用して、接続先を選択します。**SSIDの隠蔽**は、SSIDをパソコンなどから見えないように隠す機能です。

この機能を設定すると、Windowsでは**Wi-Fiの接続先リストに「非公開のネットワーク」と表示**されます。これによって、SSIDを知っているユーザーのみがWi-Fiを利用できます。

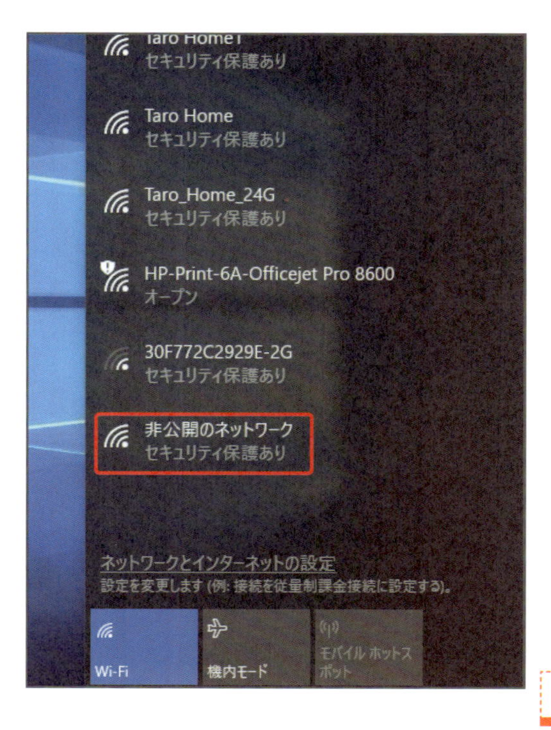

基礎編

第1章 Wi-Fiとは

Section 07

Wi-Fiルーター購入時のポイントを知ろう

- 最大通信速度
- セキュリティ機能
- かんたん設定

Wi-Fiルーターは、さまざまなメーカーから販売されています。ここでは、Wi-Fiルーター購入のポイントを紹介します。購入のポイントは3つあります。

1 最大通信速度で選択します

Wi-Fiルーターを購入するなら**IEEE802.11ac対応製品**がおすすめです。最大通信速度433Mbpsの製品から最大通信速度2,600Mbpsまでの製品が販売されています。最大通信速度が速いほど価格も高くなります。インターネットの利用が主な用途なら、**最大通信速度866Mbpsの製品**がおすすめです。

NECが販売している入門者向けのWi-Fiルーター「Aterm WG1200HS2」。最大通信速度は、IEEE802.11acの866Mbpsの製品。

2 セキュリティ機能で選択します

Wi-Fiは、無線によってデータのやり取りを行うため、**セキュリティ対策**が欠かせません。
Wi-Fiルーターは、第三者の悪意ある接続を防ぐために暗号化機能を標準搭載していますが、それ以外にも子供が有害サイトを利用することを防ぐ**ペアレンタルコントロール機能**や友人などのゲスト接続専用の**Wi-Fi環境の提供機能**なども用意されています。

ペアレンタルコントロールを利用すると、子供が有害サイトにアクセスできないように設定できます。

ゲスト接続専用のSSIDを用意すると、プリンターなどを利用できないインターネット接続専用のWi-Fi環境を用意できます。

3 設定のかんたんさで選択します

パソコンやスマホをWi-Fiルーターに接続するときは、所定の設定を行う必要があります。この設定をかんたんに行うための機能が、Wi-Fiルーターには用意されています。

この機能は、Wi-Fiルーターに搭載されている**設定ボタンを押すことで自動設定を行う方法**のほか、スマホ向けに**QRコードを利用して設定する**方法などもあります。どのようなかんたん設定が用意されているかはメーカーによって異なります。

かんたん設定ボタンを押すことでWi-Fiルーターの接続に必要なパスワードの設定を行える機能があります。この機能は、WPSやAOSS、らくらく無線スタートなど、メーカーによって名称が異なります。

コラム 高速化機能で選ぶ

Wi-Fiルーターには「MU-MIMO」と呼ばれる速度低下を防ぐ機能があります。この機能に対応した機器どうしで利用すると、速度低下が発生しにくくなります。

設定編

2

パソコンを接続しよう

この章でできること

- Wi-Fiルーターを設置する
- 自宅でWi-Fiを使う
- パソコンをWi-Fiに接続する
- かんたん設定ボタンを使う
- 非公開のWi-Fiに接続する

設定編

Section 01

この章でやることを知っておこう

- Wi-Fiルーター
- SSID
- ネットワークセキュリティキー

この章では、自宅にWi-Fiルーターを設置する方法や設置したWi-Fiルーターにパソコンを接続する方法を紹介します。設定はかんたんに行えます。

自宅でWi-Fiを利用する準備をします

この章では、まず**Wi-Fiの機器を設置していない方向けに、Wi-Fiルーターの設置方法**を説明します。すでにWi-Fiルーターまたは Wi-Fiルーター機能搭載の回線終端装置などが自宅に設置されているときは、**この作業を行う必要はありません**。また、Wi-Fiを便利に利用するには、インターネットの接続が欠かせません。そのため、**インターネット接続専用の通信回線が必要**です。Wi-Fiルーターの設置前にインターネット接続専用の通信回線を準備しておいてください。

● Wi-Fiルーターの設置

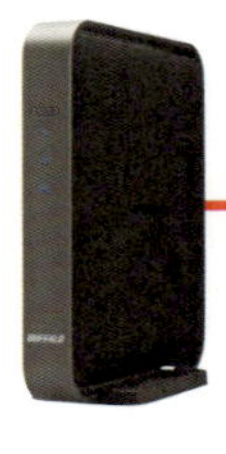

LANケーブルで接続

Wi-Fi ルーター

回線終端装置または ケーブルモデム

Section 02 Wi-Fiを利用する準備をしよう 28ページ参照

自宅のWi-Fiルーターに接続します

自宅にWi-Fiルーターを設置したら、Wi-Fiを利用する準備は完了です。続いて、Wi-Fiへの接続設定をパソコンで行います。Wi-Fiの接続には、**SSID**と呼ばれるWi-Fiの**ネットワーク名**と**ネットワークセキュリティキー（パスワード）**が必要です。これらの情報は、通常、**Wi-Fiルーター本体に記載**されています。事前に確認しておきましょう。また、Wi-Fiルーター機能搭載の回線終端装置やケーブルモデムを利用するときは、契約書や取り扱い説明書などでSSIDやネットワークセキュリティキーを確認しておいてください。

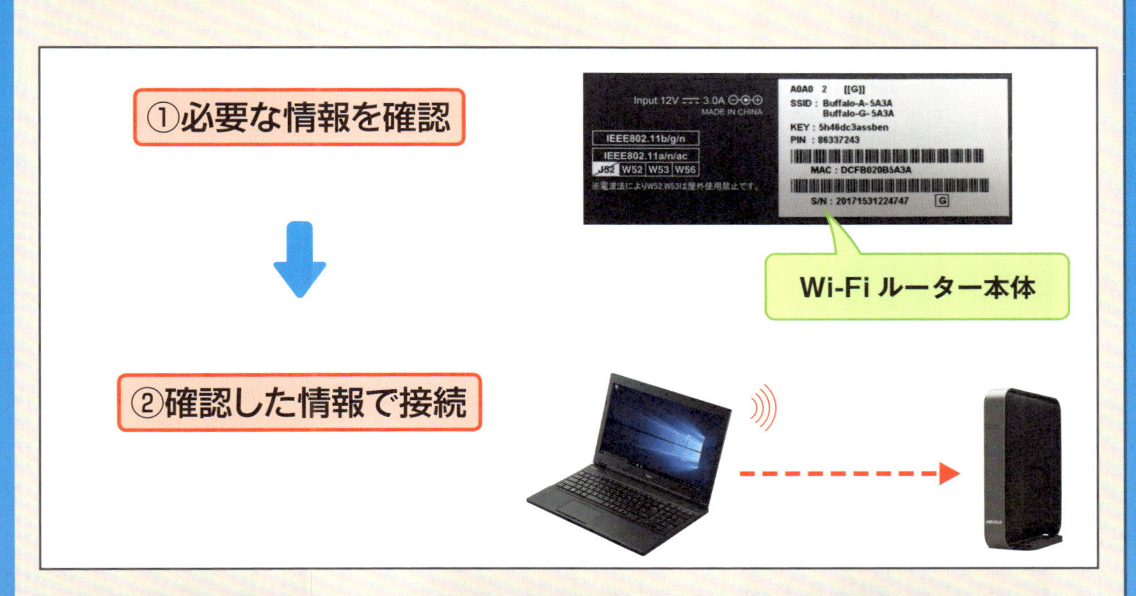

Section 03 パソコンの準備をしよう 32ページ参照

Section 04 パソコンを接続しよう 36ページ参照

Section 05 かんたん設定ボタンで接続しよう 40ページ参照

Section 06 非公開のネットワークに接続しよう 44ページ参照

Section 02

Wi-Fiを利用する準備をしよう

- Wi-Fiルーター
- LANケーブル
- 回線終端装置

ここでは、Wi-Fiルーター設置の流れを説明します。あらかじめ、インターネット接続回線の契約を行い、Wi-Fiルーターの取り扱い説明書を準備しておいてください。

Wi-Fiの設置手順について【初めて設置する方向け】

インターネット接続専用の通信回線を契約すると、回線終端装置またはケーブルモデムと呼ばれる機器がレンタルで設置されます。自宅でWi-Fiが利用できるようにするには、Wi-Fiルーターの**ルーター機能がオンになっているかを確認**し、回線終端装置またはケーブルモデムとWi-Fiルーターを**LANケーブルで接続**します。なお、回線終端装置やケーブルモデムは、アクセスポイントの機能を搭載した製品も用意されています。そうした製品をレンタルしているときは、ここで紹介している作業は必要ありません。

Step 1 回線終端装置またはケーブルモデムの契約書などで回線終端装置またはケーブルモデムに**Wi-Fiルーター機能が搭載されているかを確認**する。

Step 2

- **搭載されている**：Wi-Fiルーターの購入および設置は必要ない。
- **搭載されていない**：Wi-Fiルーターを購入し（22ページ参照）、設置作業をする。

1 ルーター機能がオンになっているかを確認します

最初に、Wi-Fiルーターのルーター機能がオン（ここでは、ボタンが「ROUTER」に設定されていること）になっていることを確認します。

ポイント

ルーター機能のボタンの操作方法は取り扱い説明書に記載されています。

2 Wi-FiルーターにLANケーブルを接続します

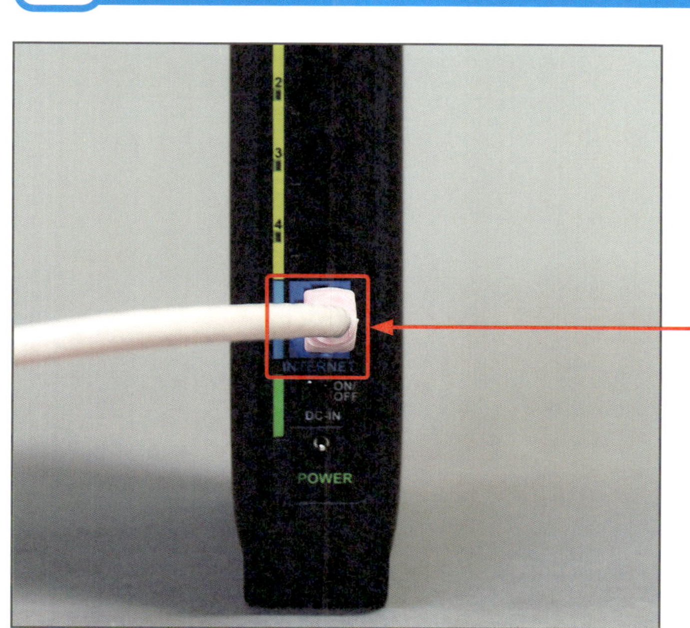

Wi-Fiルーターのインターネット用ポートにLANケーブルを接続します。

次へ

3 回線終端装置にLANケーブルを接続します

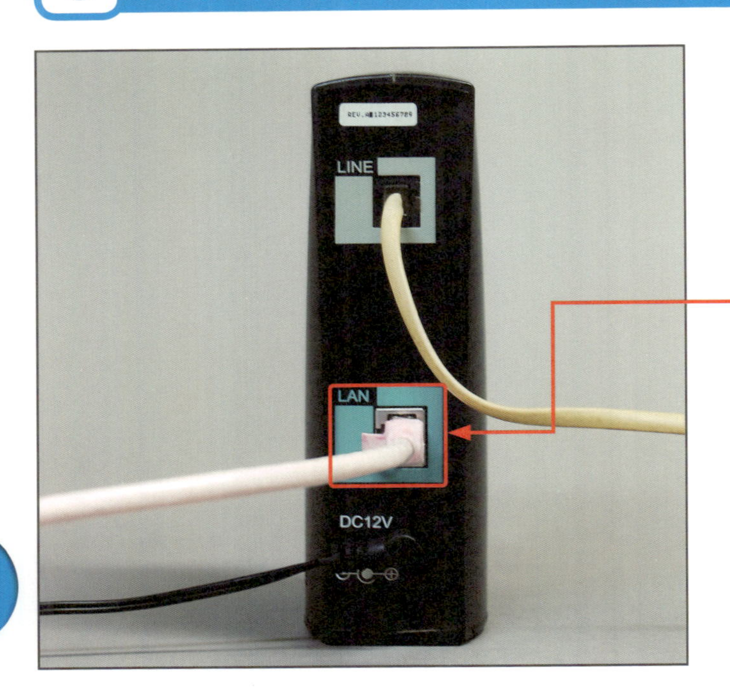

LANケーブルのもう一端を回線終端装置のLANポートに接続します。

ポイント

ここでは、回線終端装置を例に解説していますが、ケーブルモデムの場合も同じ方法でLANケーブルを接続してください。

4 Wi-Fiルーターに電源ケーブルを接続します

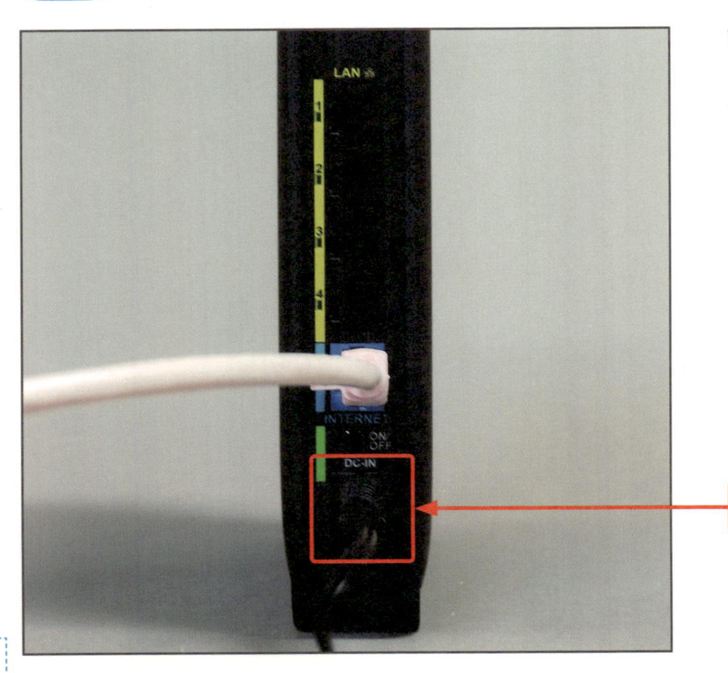

Wi-Fiルーターに電源ケーブルを接続します。

5 Wi-Fiルーターの電源をオンにします

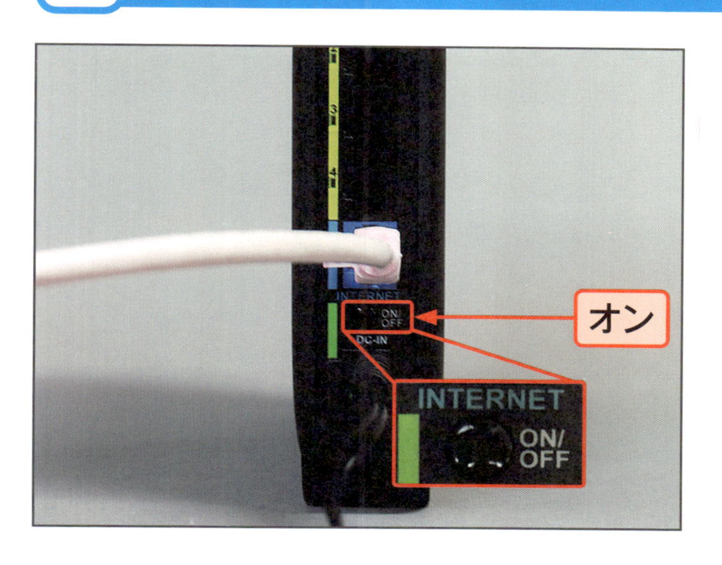

Wi-Fiルーターの電源をオンにします。
写真のWi-Fiルーターは押し込み式の電源ボタンになっています。

コラム インターネット接続の設定について

契約したインターネットサービスプロバイダーによっては、Wi-Fiルーター設置後に、Wi-Fiルーターの設定画面を開いてインターネットの利用設定を行う必要があります。インターネットの利用設定は、インターネットサービスプロバイダーによって異なります。Wi-Fiルーターの取り扱い説明書や契約したインターネットサービスプロバイダーの取り扱い説明書を参考にインターネットの接続設定を行ってください。

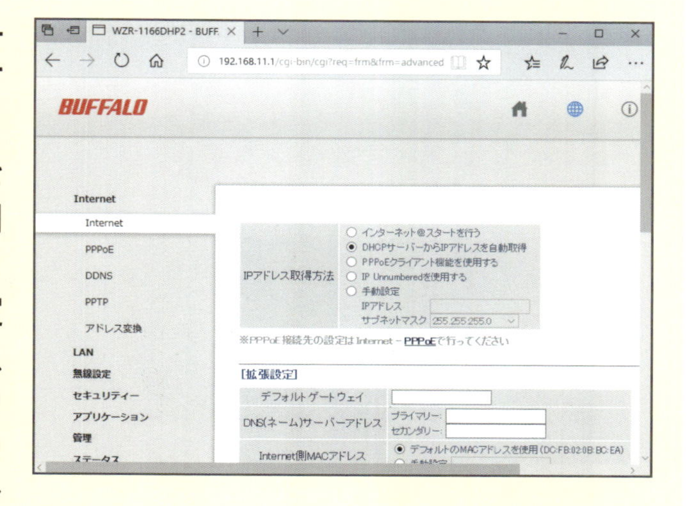

終わり

設定編

Section 03

パソコンの準備をしよう

- ネットワークアイコン
- 機内モード
- 無線切り替えスイッチ

パソコン搭載のWi-Fi機能を利用するには、Wi-Fiが利用可能な状態に設定されている必要があります。ここでは、その確認方法を紹介します。

Wi-Fi確認の流れ

パソコン搭載のWi-Fi機能を利用可能かどうかは、タスクバーのネットワークアイコンの状態で確認します。また、パソコン搭載のWi-Fiが利用できない状態になっているときは、利用可能な状態に設定を変更する必要があります。

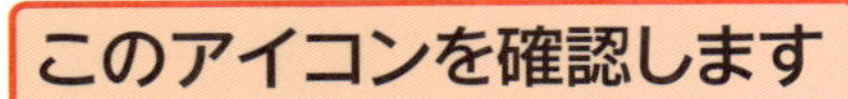

- Wi-Fiを利用できる状態
- Wi-Fiを利用できない状態
- ケーブルでインターネットを利用している状態
- すべてのネットワーク機能が利用できない状態
- 機内モードを設定している状態

1 Wi-Fiを利用可能にする

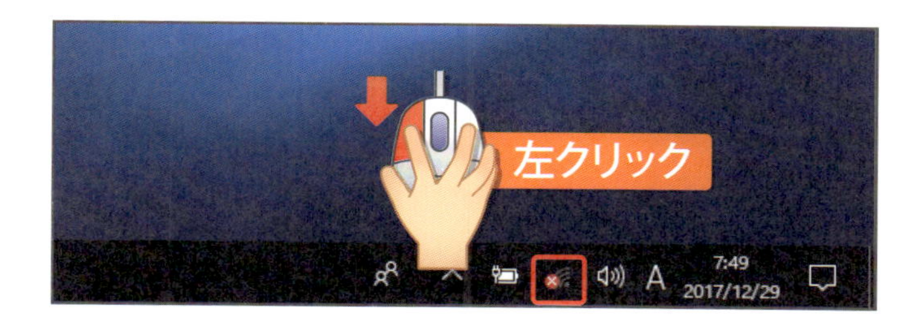

を

左クリックします。

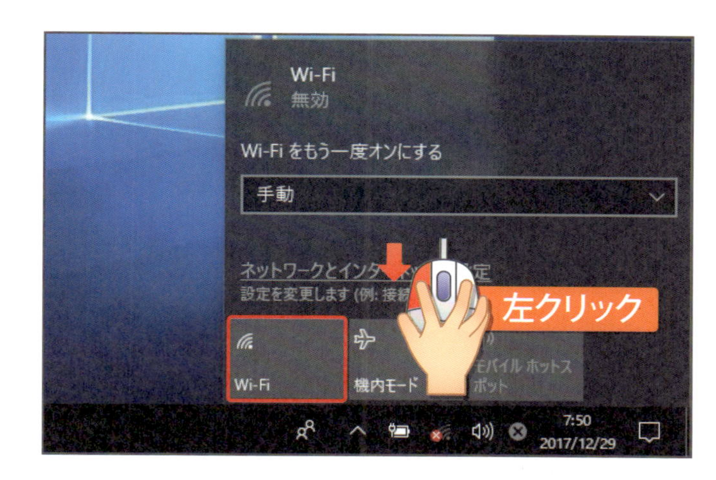

を

左クリックすると、

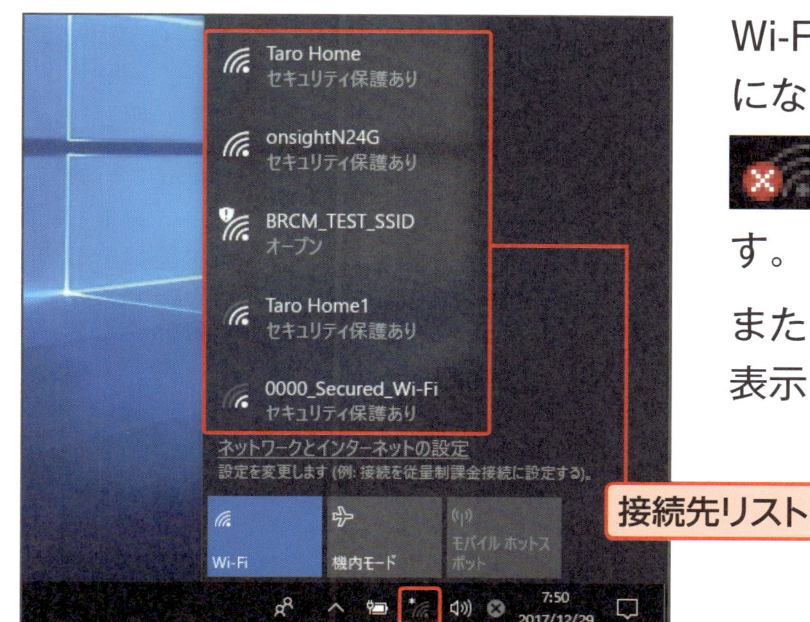

Wi-Fiが利用可能な状態になり、

がに変わります。

また、接続先リストが表示されます。

次へ

2 機内モードをオフにする

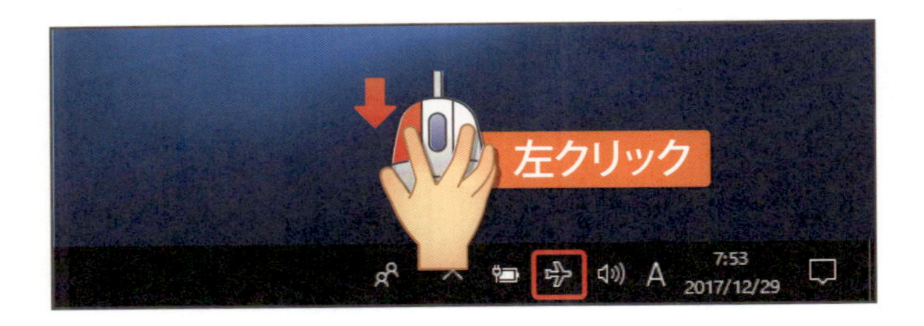

を

左クリックしま

す。

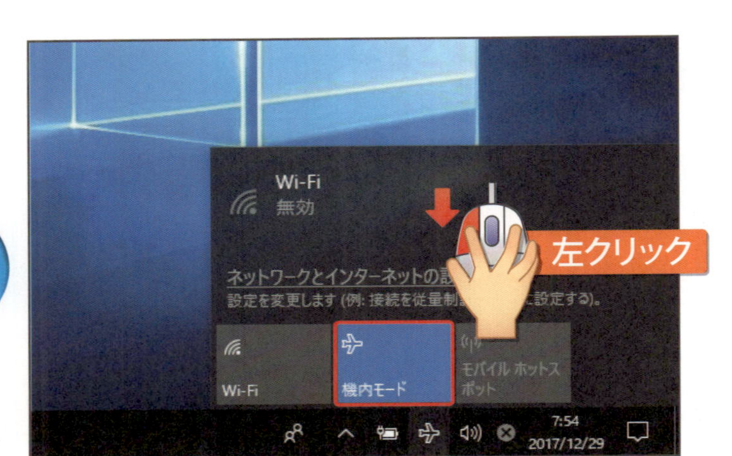

機内モードを

左クリックする

と、

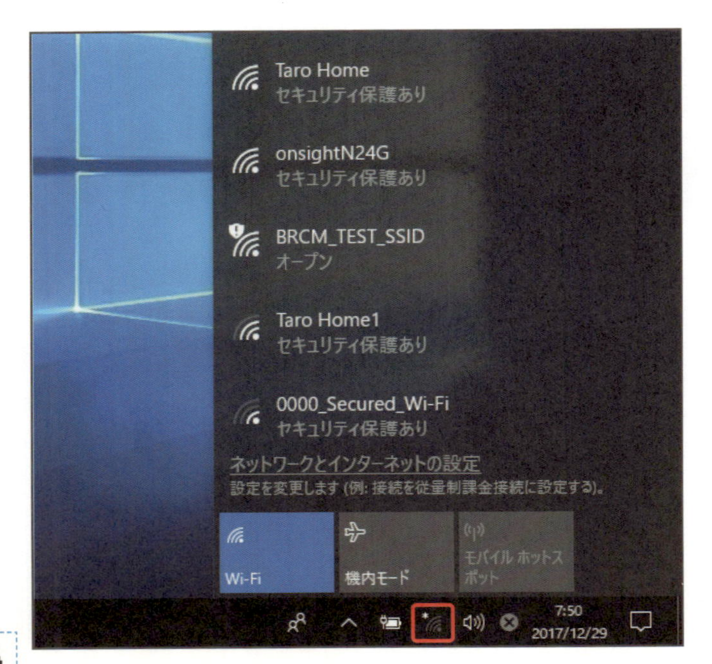

Wi-Fiが利用可能な状態になり、

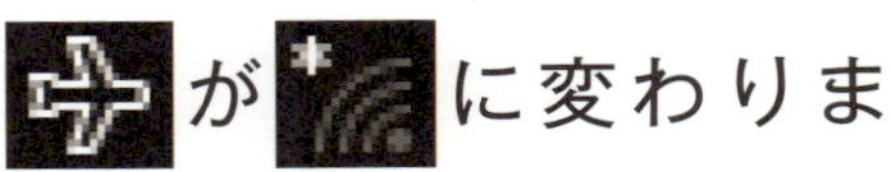

す。

また、接続先リストが表示されます。

終わり

コラム Wi-Fiを利用するためのスイッチ

一部のパソコンは、Wi-Fiを利用するための「無線切り替えスイッチ」を搭載している場合があります。このタイプのパソコンでは、スイッチをオフにすると、パソコン搭載のWi-Fi機能がオフに設定され、タスクバーのネットワークアイコンの表示が✈になります。Wi-Fiを再び利用するときは、スイッチをオンにすると、ネットワークアイコンの表示が、✕、*、のいずれかに変わります。

写真はパナソニックの「Let's note LX」。パナソニックのパソコンではこの「無線切り替えスイッチ」を搭載しています。

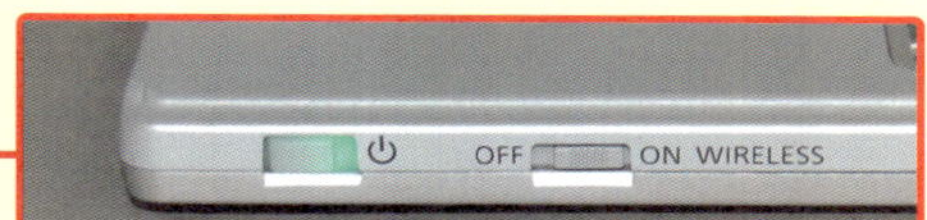

✕	Wi-Fiが利用不可に設定されています。33ページの手順でWi-Fiを利用可能な状態に設定してください。
✈	無線切り替えスイッチがオフになっているか、機内モードがオンになっています。オフになっている場合はスイッチをオンにしてください。オンになって✈が表示されている場合は、34ページの手順で機内モードをオフに設定してください。
*	Wi-Fiが利用可能な状態に設定されています。
	Wi-Fiのアクセスポイントに接続中です。

Section **04**

パソコンを接続しよう

✔ SSID
✔ ネットワーク名
✔ ネットワークセキュリティキー

Wi-Fi環境の準備が整ったら、パソコンをWi-Fiルーターに接続しましょう。ここでは、Windows 10のパソコンをWi-Fiルーターに接続する方法を紹介します。

接続の流れ

複数の接続先から特定の接続先(ここではWi-Fiルーター)を選択するには、**SSID**と呼ばれる**ネットワーク名**を利用します。SSIDにより接続先が特定できたら、接続先に**ネットワークセキュリティキー(パスワード)**を送ります。接続作業を開始する前に、SSIDとネットワークセキュリティキーを事前に確認しておいてください。

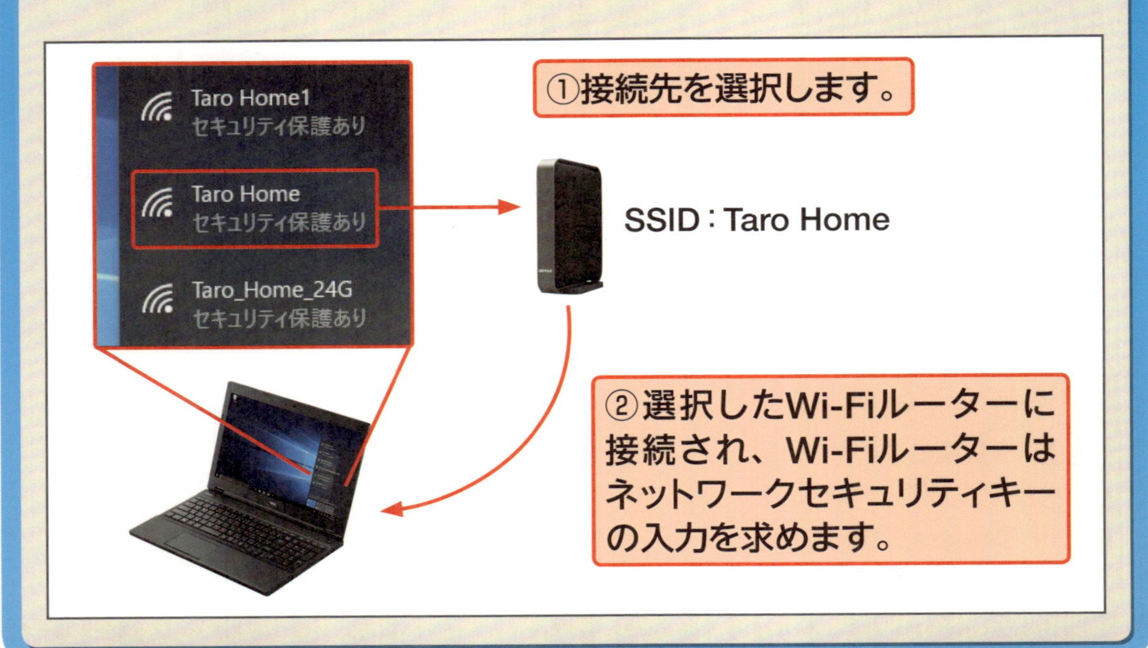

1 接続先リストを表示します

を

左クリックします。

2 接続先を選択します

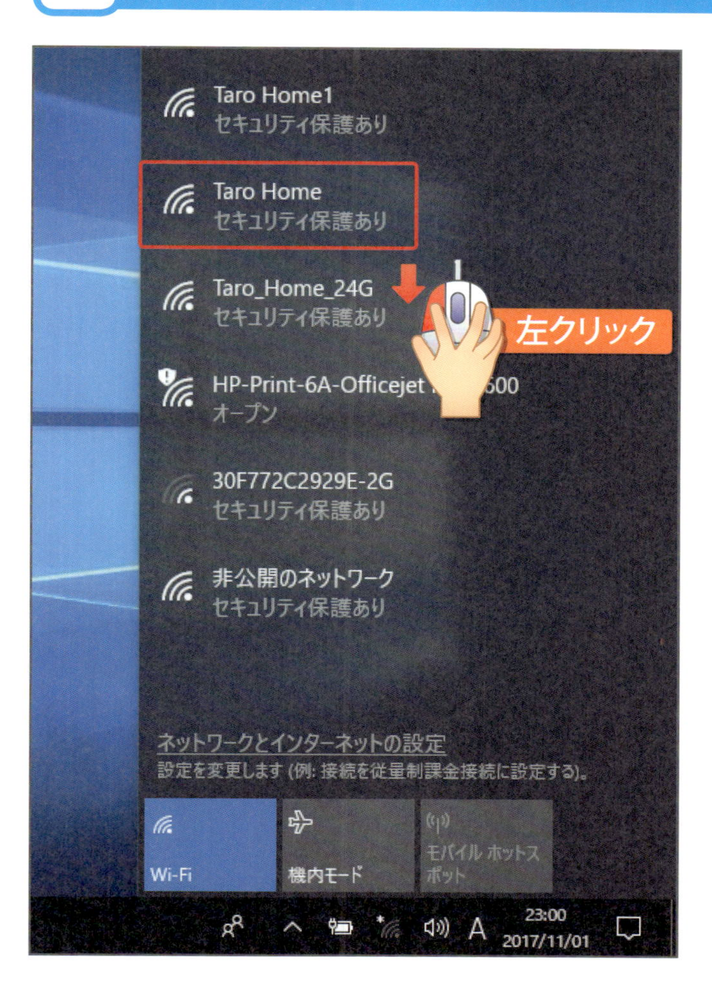

接続先のリストが表示されます。

接続先（ここでは、Taro Home セキュリティ保護あり）を

左クリックします。

3 接続設定を開始します

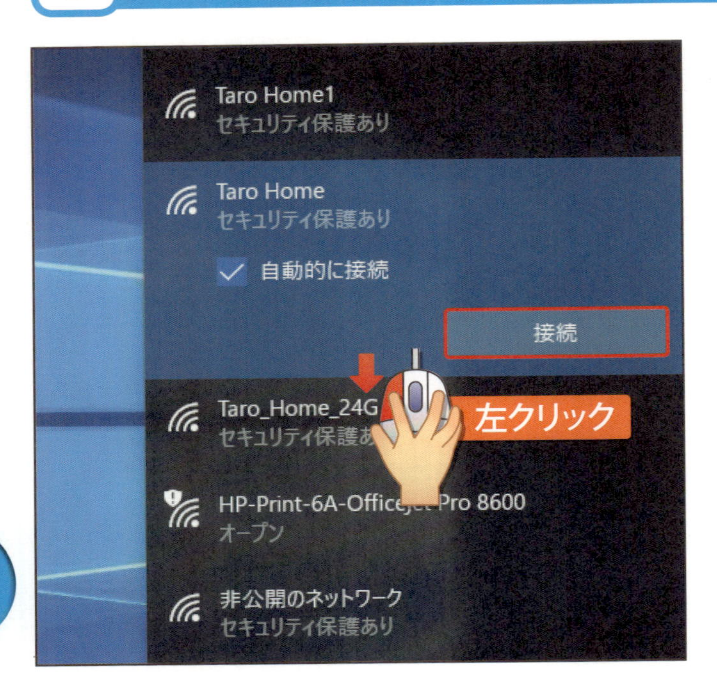

接続 を

左クリック します。

4 ネットワークセキュリティキーを入力します

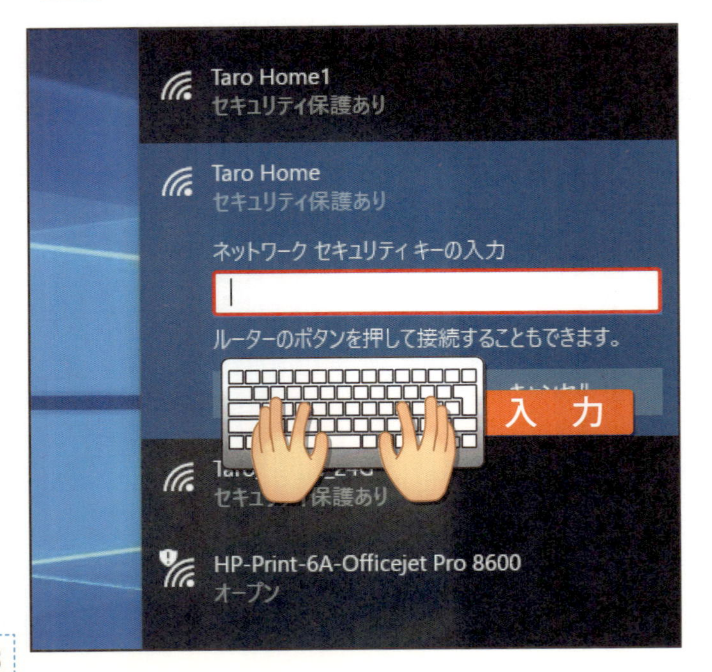

ネットワークセキュリティキーを

入力 します。

5 手順を進めます

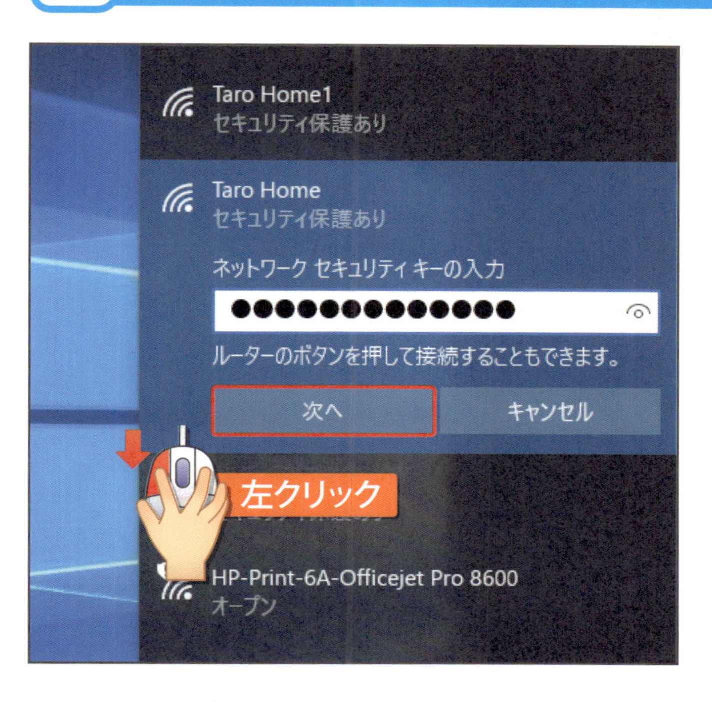

次へ を

左クリック

すると、
接続作業が行われます。

6 接続が完了します

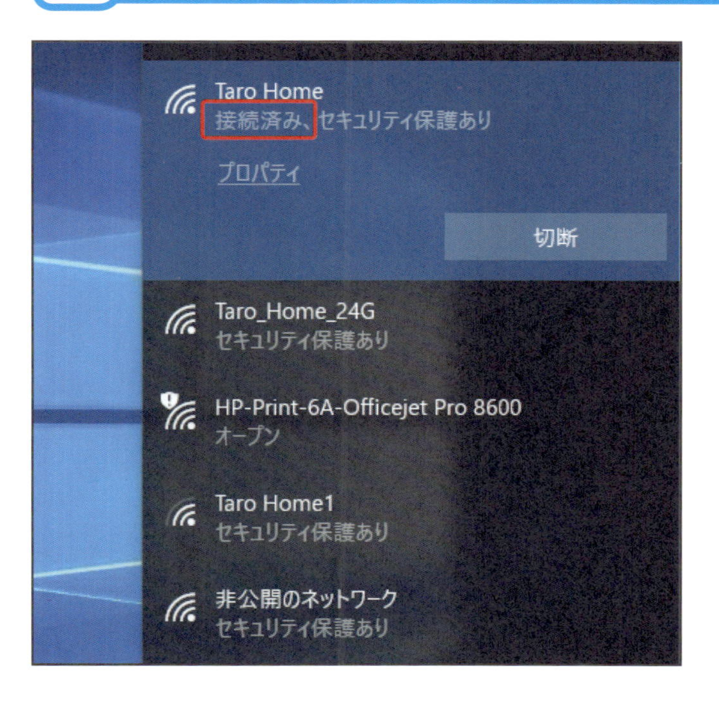

接続済み と

表示されたら、接続完了です。

終わり

Section **05**

かんたん設定ボタンで接続しよう

- かんたん設定ボタン
- Windows 10
- ルーターのボタン

ここでは、Wi-Fiルーターなどに備わっているかんたん設定ボタンで、パソコンのWi-Fiの設定を行う方法を紹介します。

かんたん設定ボタンとは

かんたん設定ボタンは、ネットワークセキュリティキーを入力しなくても、**ボタンを押すだけ**で、接続の設定が完了する便利な機能です。Windows 10は、ボタン操作によるかんたん設定機能に対応しています。

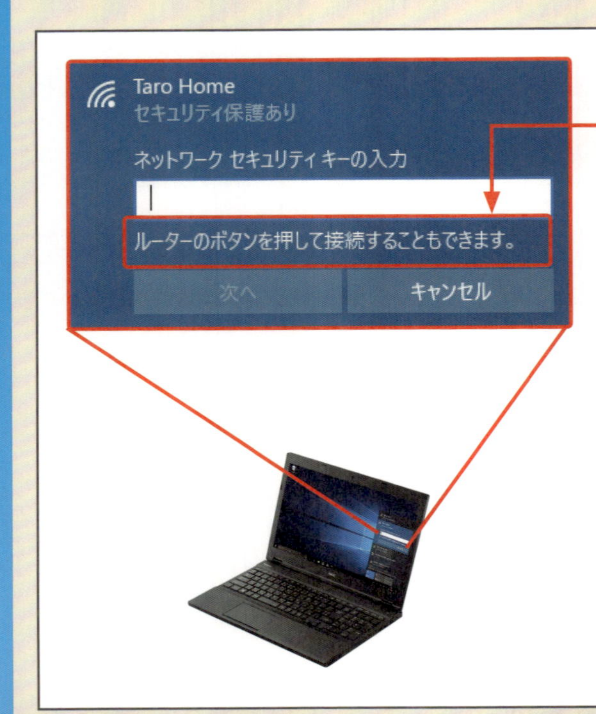

このメッセージが表示されるときは、かんたん設定ボタンで設定を行えます。

1 接続先リストを表示します

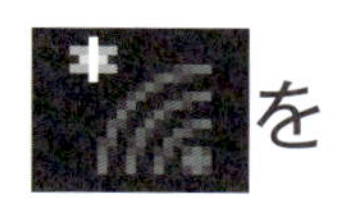を

左クリックします。

2 接続先を選択します

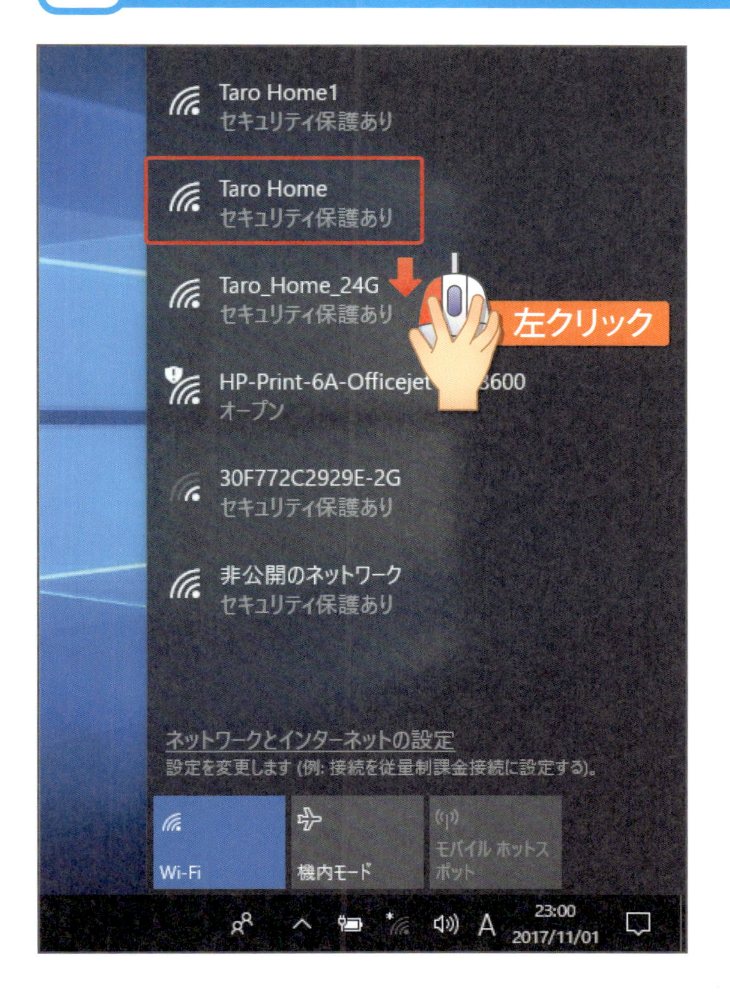

接続先のリストが表示されます。

接続先（ここでは、）を

左クリックします。

3 接続設定を開始します

接続 を

左クリック

します。

4 メッセージを確認します

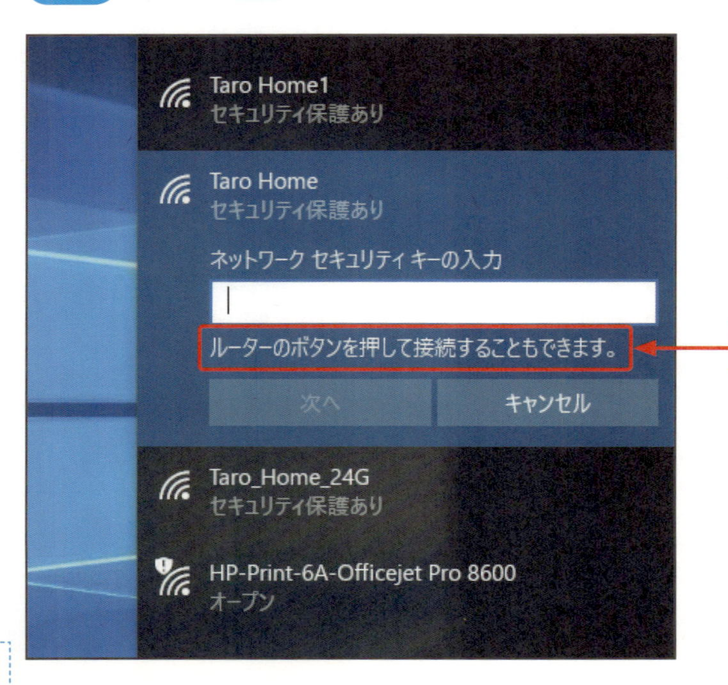

「ルーターのボタンを…」と表示されていることを確認します。

5 かんたん設定ボタンを押します

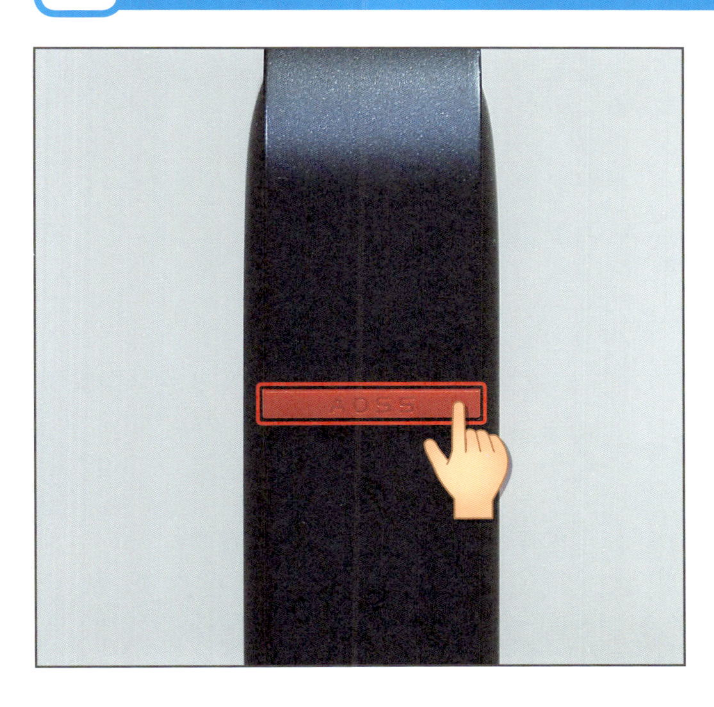

Wi-Fiルーターのかんたん設定ボタンを、設定状態になるまで長押しします。

ポイント

ボタンを押し続ける時間は、機器によって異なります。Wi-Fiルーターの取り扱い説明書などで確認してください。

6 接続が完了します

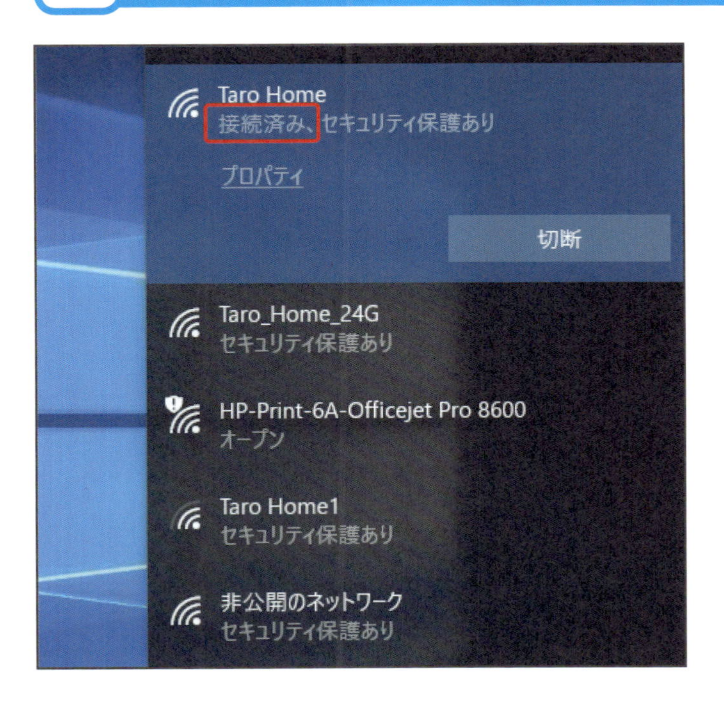

接続済み と表示されたら、接続完了です。

終わり

Section 06

非公開のネットワークに接続しよう

- セキュリティ
- 非公開のネットワーク
- ネットワーク名（SSID）

ここでは、セキュリティを高めるために、ネットワーク名（SSID）を公開していない場合の接続方法を紹介します。接続は手動で行います。

非公開のネットワークとは？

Wi-Fiを利用しようとした際に、接続先のリストに接続したい**ネットワーク名（SSID）が表示されないこと**があります。ネットワーク名（SSID）が表示されていない場合は、接続先リストで**「非公開のネットワーク」**を選択して、ネットワーク名やネットワークセキュリティキーの**設定を手動**で行います。ここでは、接続先リストにネットワーク名（SSID）が表示されない場合の接続方法について解説します。

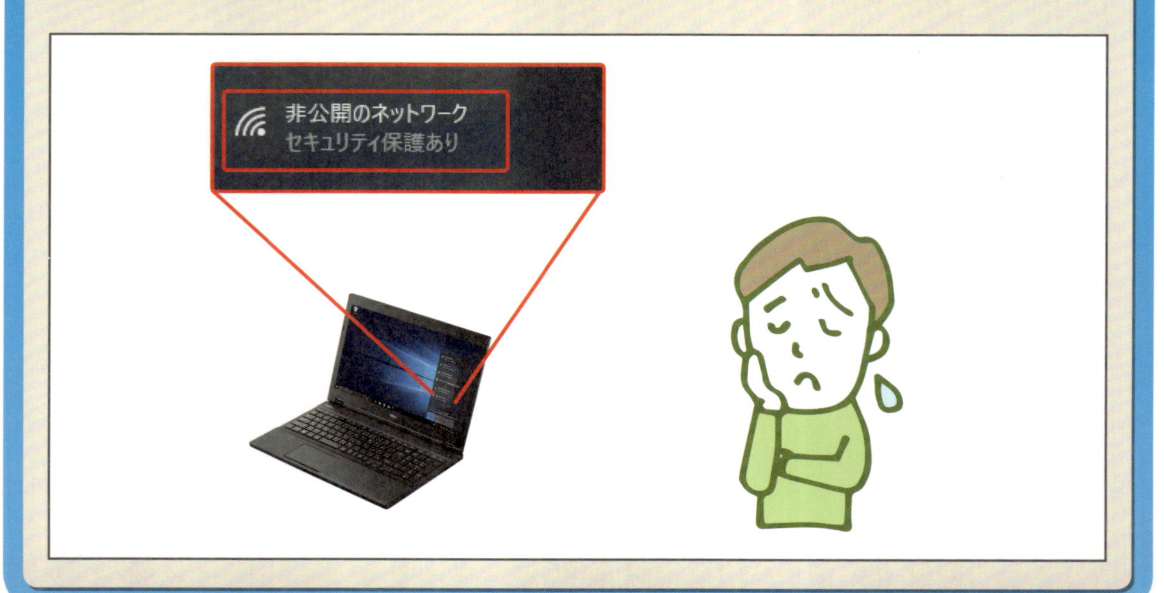

1 接続先リストを表示します

を

左クリックします。

2 接続先を選択します

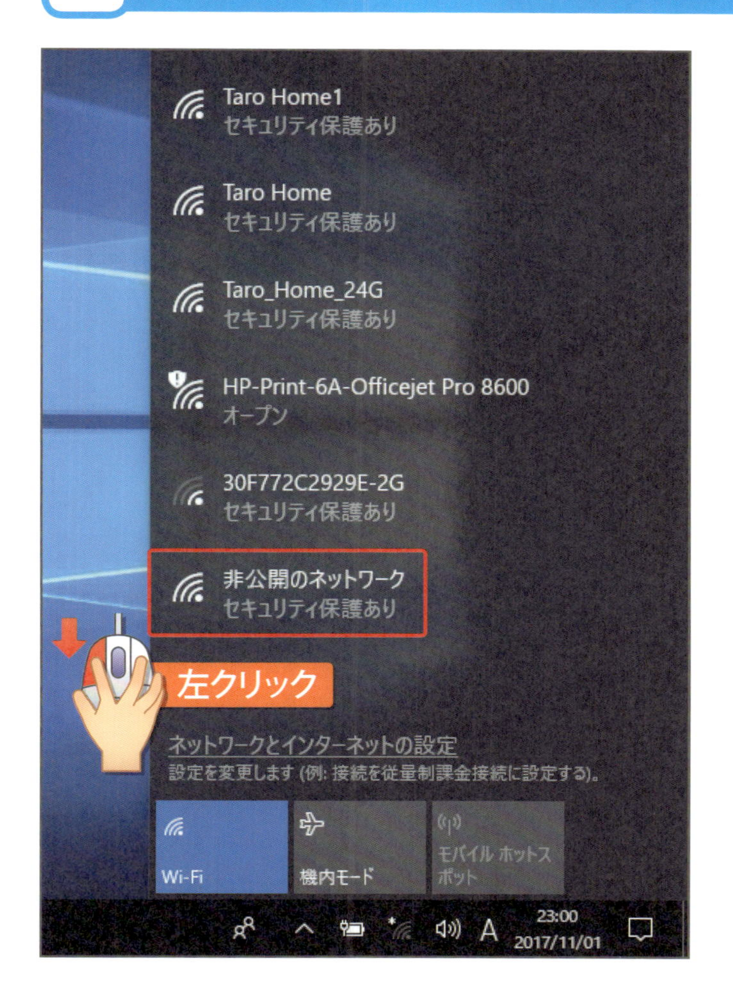

接続先のリストが表示されます。

非公開のネットワーク セキュリティ保護ありを

左クリックします。

次へ

3 接続設定を開始します

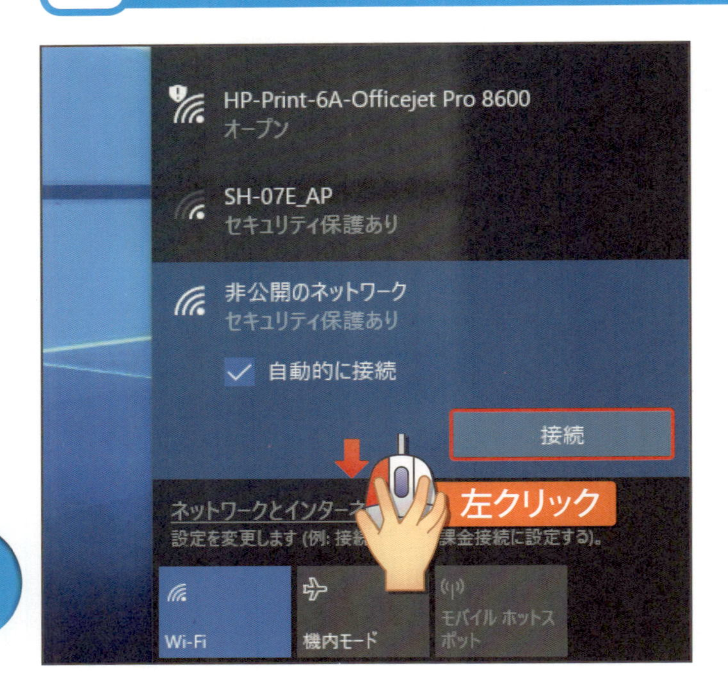

を**左クリック**します。

4 ネットワーク名（SSID）を入力します

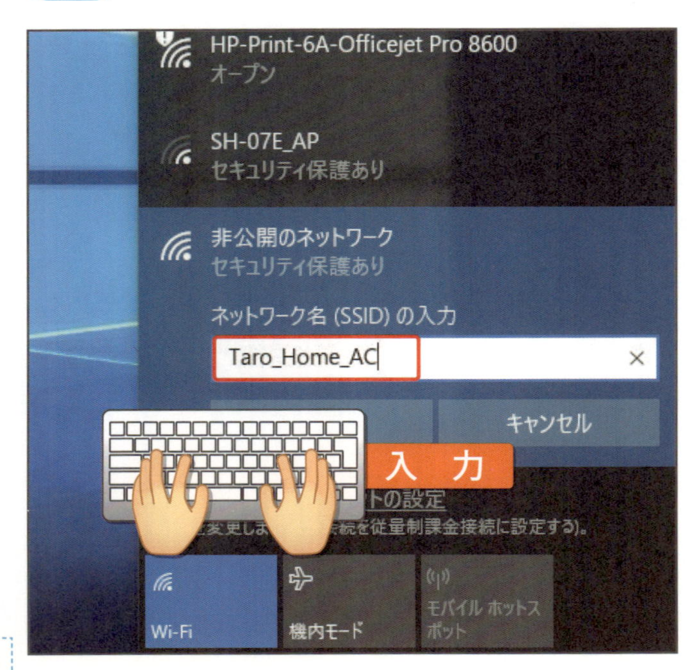

ネットワーク名（ここでは<Taro_Home_AC>）を**入力**します。

5 手順を進めます

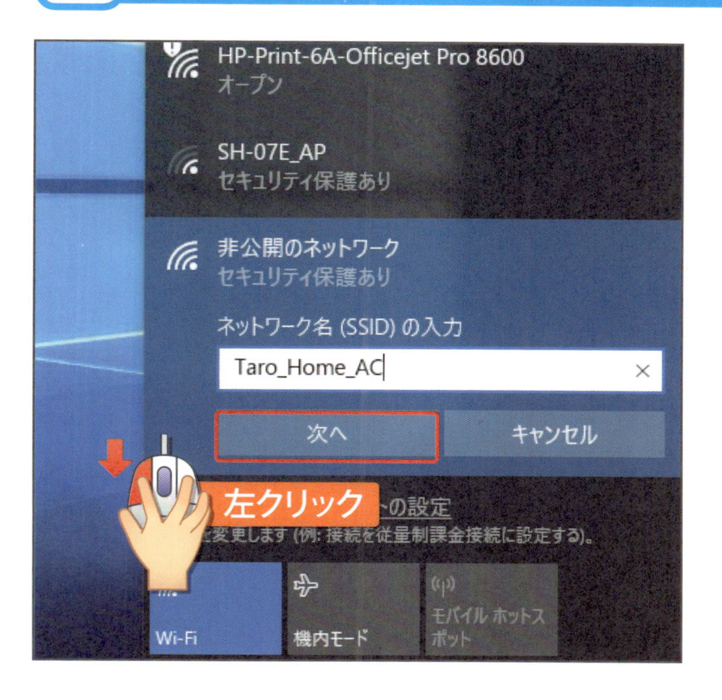

を

左クリックします。

6 接続を行います

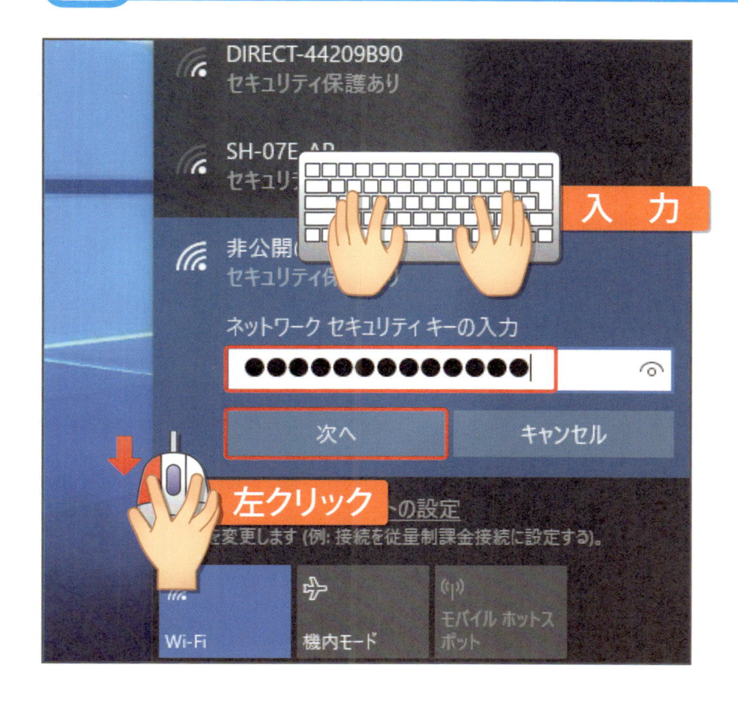

ネットワークセキュリティキーを入力  し、次へを左クリックします。

次へ

7 ネットワークの場所を設定します

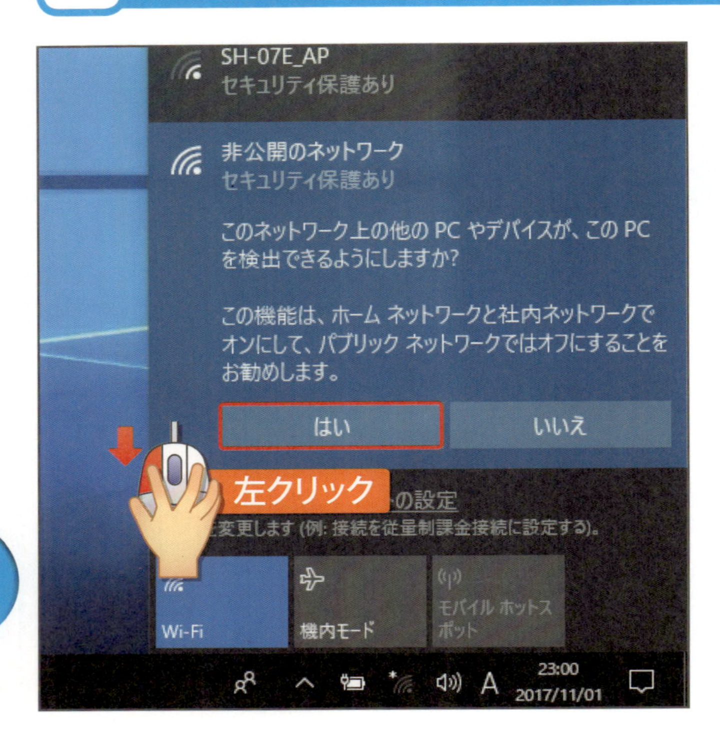

この画面が表示されたら、 はい を **左クリック** します。

ポイント

この設定は自宅用です。外出先で非公開のネットワークに接続する場合は、 いいえ を左クリックすることをおすすめします。

8 接続が完了します

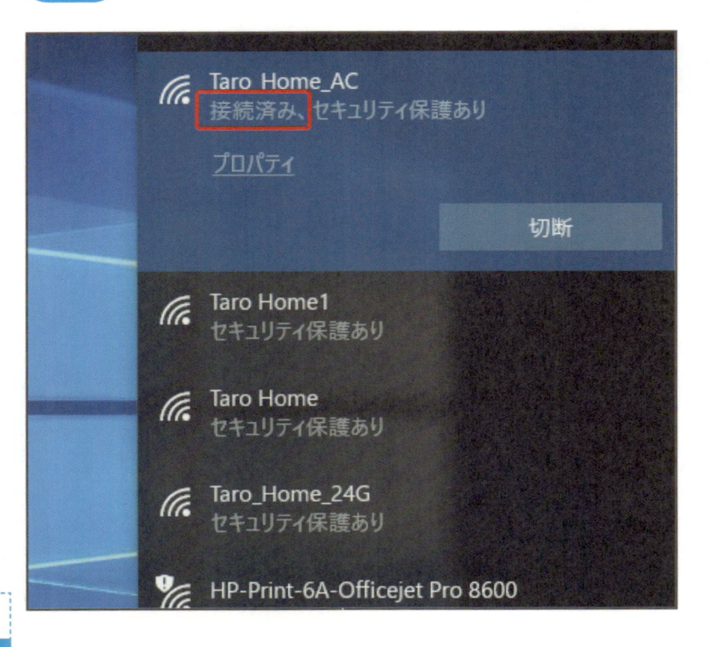

接続済み と表示されたら、接続完了です。

終わり

機器接続編

いろいろな機器を接続しよう

3

この章でできること

- ケーブルなしでプリンターを利用する
- 複数のパソコンから印刷する
- ゲーム機でインターネットを利用する
- 撮影した写真をインターネットに保存する
- デジカメとパソコンを接続する

Section 01

この章でやることを知っておこう

- プリンター
- ゲーム機
- デジカメ

この章では、Wi-Fi機能搭載の機器を自宅で利用する方法を紹介します。接続に必要なSSIDやネットワークセキュリティキーを事前に確認しておきましょう。

プリンターを接続する方法を紹介します

Wi-Fi機能搭載プリンターを利用すればパソコンから**無線通信を利用して印刷ができる**ようになります。また、1台のプリンターを**複数のパソコンから利用**できます。

Wi-Fi 機能搭載
プリンター

印刷

パソコン A

印刷

パソコン B

Section 02 プリンターを接続しよう 52ページ参照

ゲーム機を接続する方法を紹介します

Wi-Fi機能搭載のゲーム機は、インターネットの各種サービスを利用できます。たとえば、**ゲームソフトのダウンロード**や**Webページの閲覧**などが行えます。

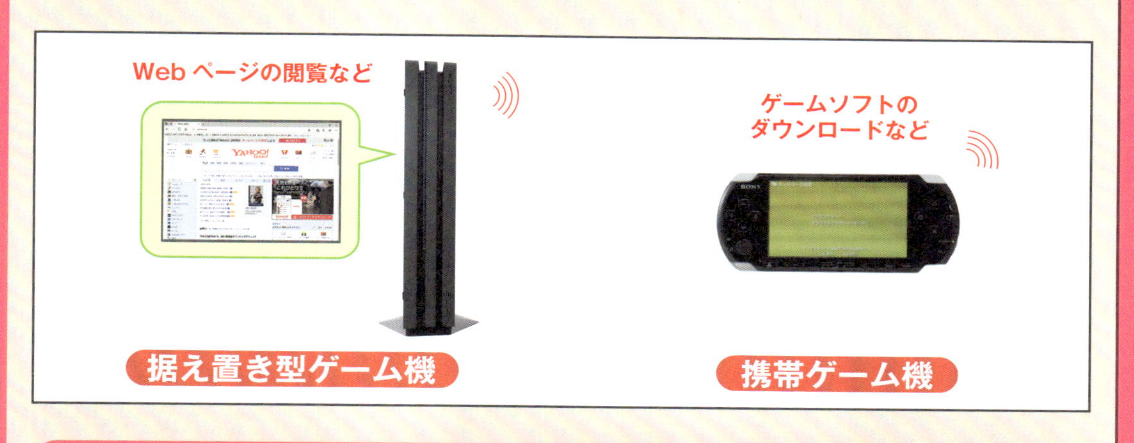

Section 03 ニンテンドー3DSを接続しよう 60ページ参照

デジカメを接続する方法を紹介します

Wi-Fi機能搭載のデジカメは、カメラメーカーが用意している専用機能を利用できます。撮影した写真を自動でインターネット上の**専用サイトに保存**したり、**SNSに写真をアップロード**したりできます。

Section 04 デジカメを接続しよう 66ページ参照

機器接続編

Section 02

プリンターを接続しよう

- かんたん設定ボタン
- ルーターのボタン
- WPS

Wi-Fi機能搭載プリンターを自宅のWi-Fiルーターに接続してみましょう。接続は手動でも行えますが、ここでは「かんたん設定ボタン」を利用した接続方法を紹介します。

プリンターが利用できるようになるまでの流れ

ここでは、キヤノン製プリンター「PIXUS TS5130」を例に、プリンターを自宅のWi-Fiルーターに接続する方法を紹介します。接続後は、取り扱い説明書を参考に**プリンタードライバー**をパソコンにインストールしてください。

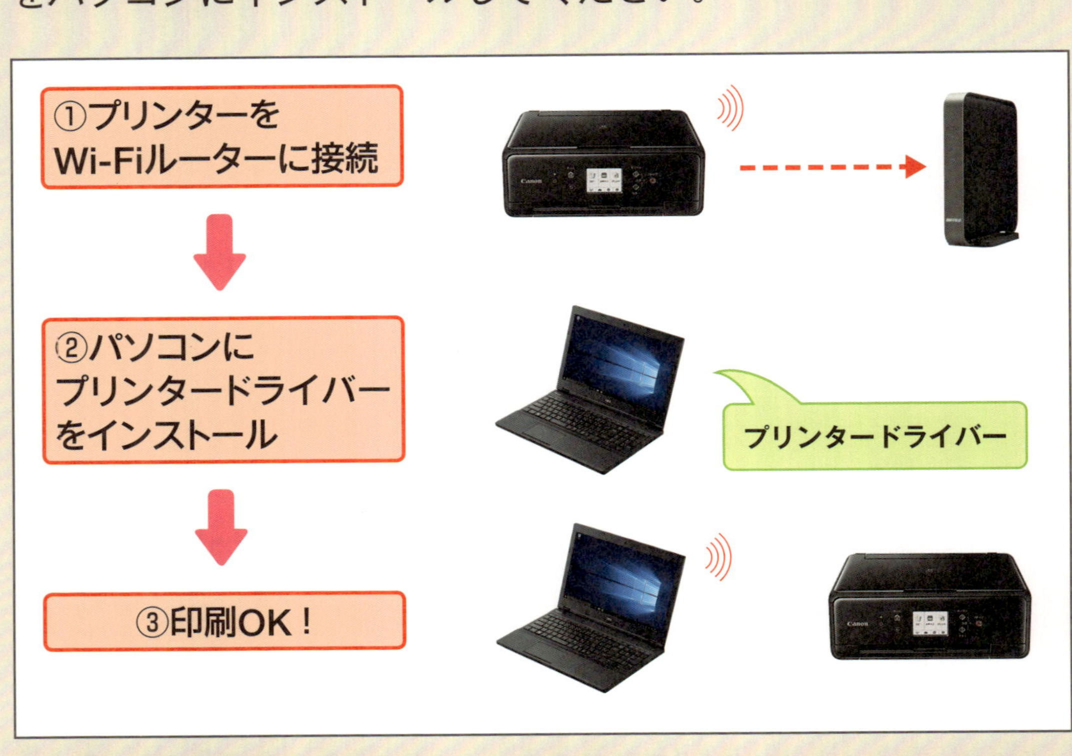

1 プリンターの電源を入れます

プリンターを
電源に接続し、
ボタンを押します。

2 プリンターの液晶にホーム画面が表示されます

プリンターの
電源が入り、
液晶にホーム画面が
表示されます。

次へ

3 セットアップメニューを表示します

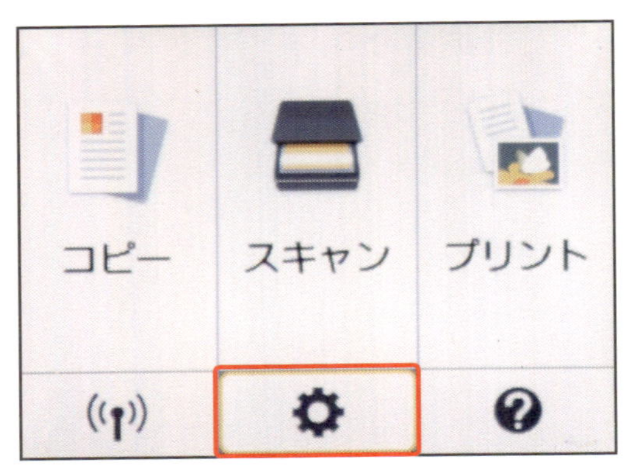

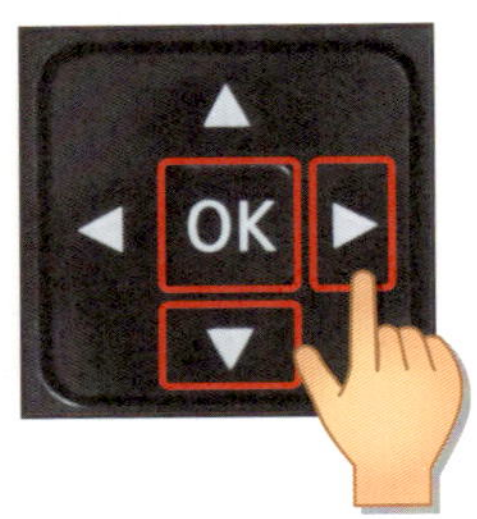

操作パネルにある

を押して、

を選択し、

OK ボタンを押します。

4 「設定」メニューを表示します

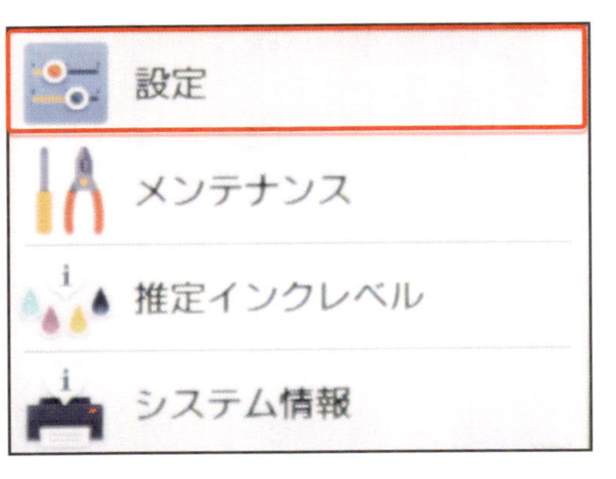

を押して、

を選択し、

ボタンを押します。

5 「本体設定」メニューを表示します

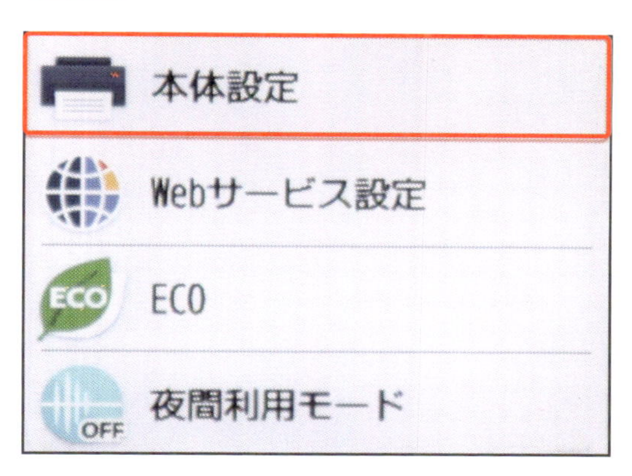

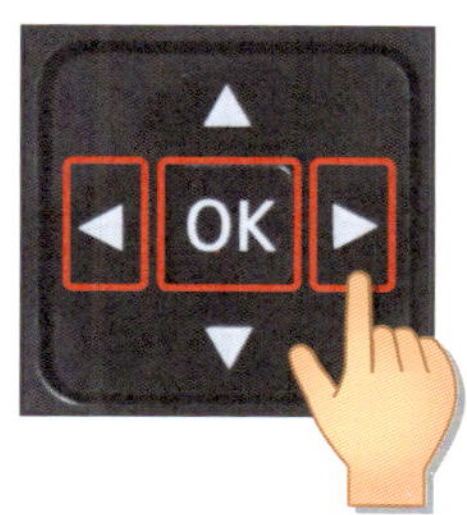

を押して、

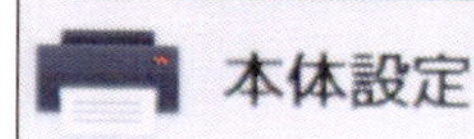を

選択し、

OK ボタンを押します。

6 「LAN設定」メニューを表示します

本体設定
印刷設定
LAN設定
本体の基本設定
PictBridge印刷設定
言語選択

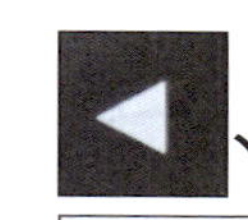を押して、

LAN設定 を選択し、

OK ボタンを押します。

次へ

7 「無線LAN」メニューを表示します

LAN設定
無線LAN
無線ダイレクト
共通設定

◀、▶を押して、無線LANを選択し、OKボタンを押します。

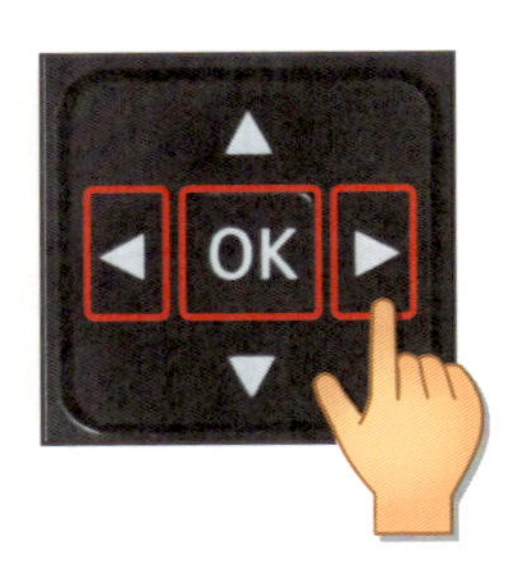

8 「無線LANセットアップ」メニューを表示します

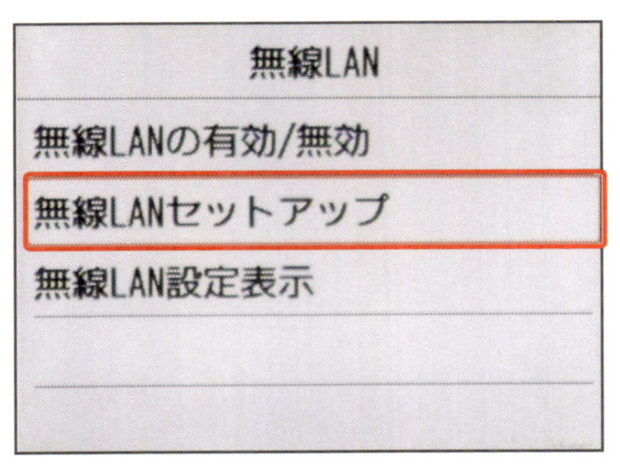

◀、▶を押して、無線LANセットアップを選択し、OKボタンを押します。

9 「ルーターのボタンで接続」メニューを表示します

無線LANセットアップ
PC/スマホでかんたん接続
プリンターで手動接続
ルーターのボタンで接続
その他の設定

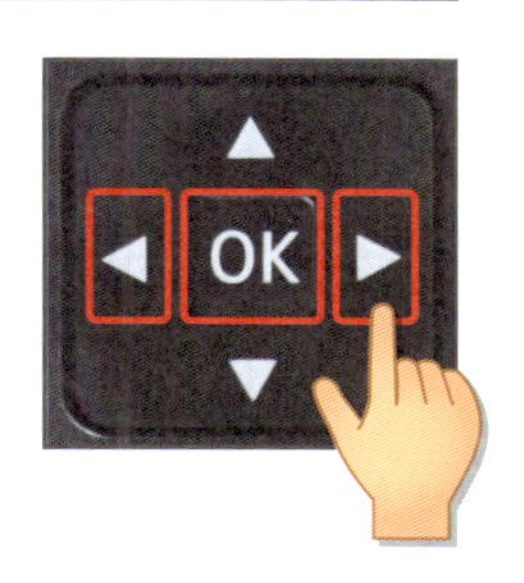

、を押して、

ルーターのボタンで接続

を選択し、

OK ボタンを押します。

10 設定方法を選択します

ルーターのボタンで接続
AOSS(バッファロー)
らくらく無線スタート(NEC)
WPS(プッシュボタン方式)

、を押して、

設定方法(ここでは

WPS(プッシュボタン方式))

を選択し、

OK ボタンを押します。

11 手順を進めます

WPSプッシュボタン方式に対応した無線LANルーターに接続します

OK

この画面が表示されたら、OKボタンを押します。
ルーターを設置している場所へ移動します。

12 ルーターのボタンを押します

ルーターのかんたん設定ボタンを長押して、
ルーターをWi-Fiの設定状態にします。

ポイント

かんたん設定ボタンを押す時間の長さは、利用しているルーターによって異なります。取り扱い説明書を参考に作業を行ってください。

13 プリンターの設定を開始します

無線LANルーターのWPSボタンを長押しした後に、本機の[OK]を選んでください

OK

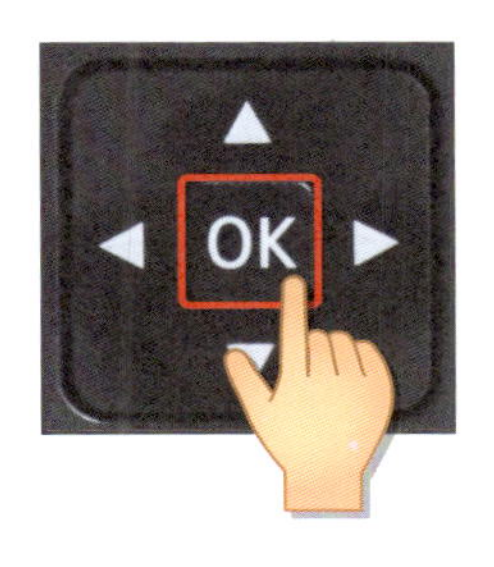

OK ボタンを押すと、

Wi-Fiの設定が行われます。

14 設定が完了します

無線LANルーターとの接続が完了しました

OK

この画面が表示されたら、設定は完了です。

OK ボタンを押します。

プリンターの取り扱い説明書を参考に、
パソコンにプリンタードライバーをインストールしてください。

終わり

機器接続編

Section 03

ニンテンドー3DSを接続しよう

- かんたん設定ボタン
- ルーターのボタン
- WPS

ニンテンドー3DSは、かんたん設定ボタンまたは手動で自宅のWi-Fiルーターに接続できます。ここでは、かんたん設定ボタンで接続する方法を紹介します。

1 ニンテンドー3DSの電源をオンにします

ニンテンドー3DSの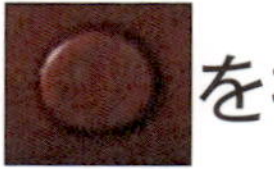を押して、電源をオンにします。

しばらくすると、電源ランプが光り、ホーム画面が表示されます。

2 「本体設定」画面を表示します

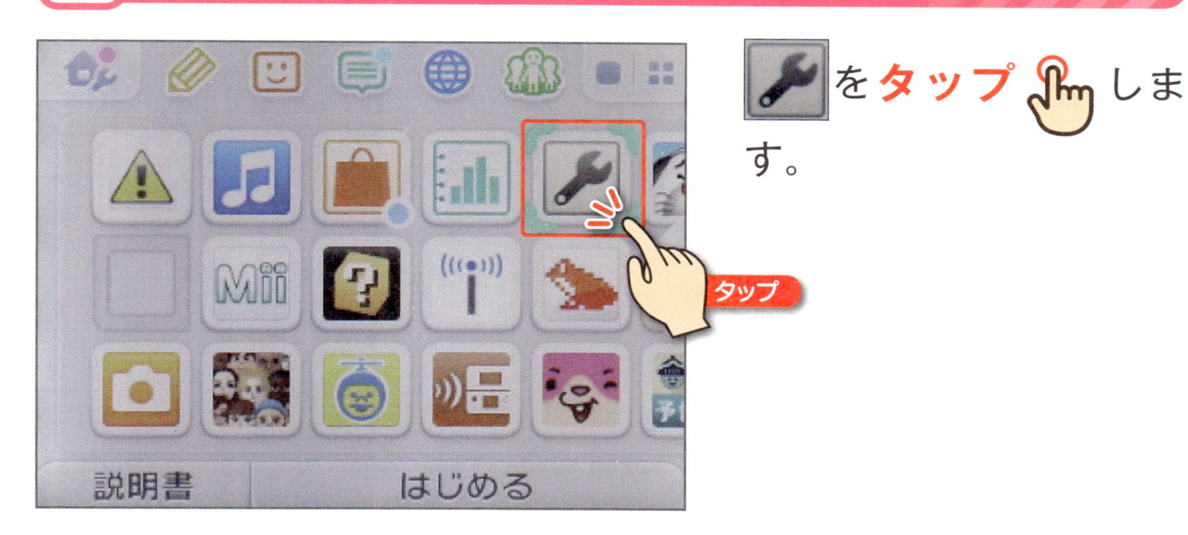

をタップします。

3 「インターネット設定」画面を表示します

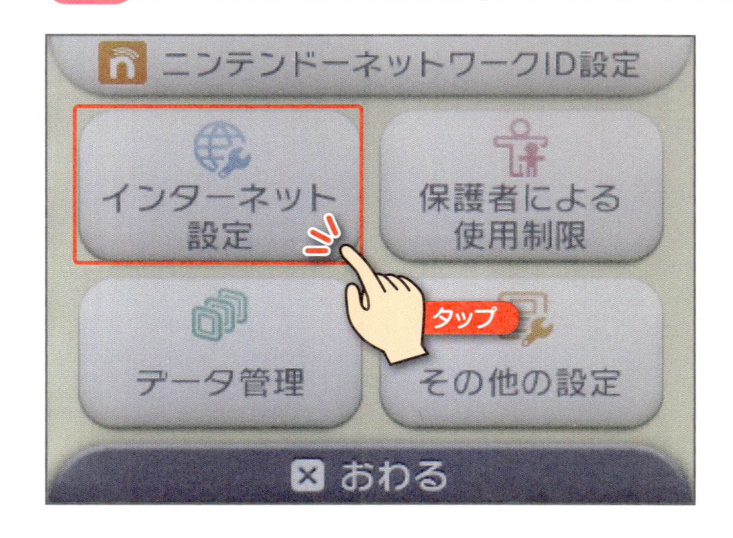

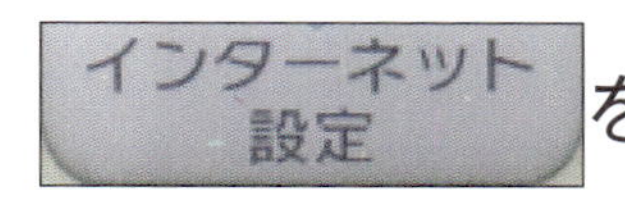

をタップします。

次へ

4 「インターネット接続設定」画面を表示します

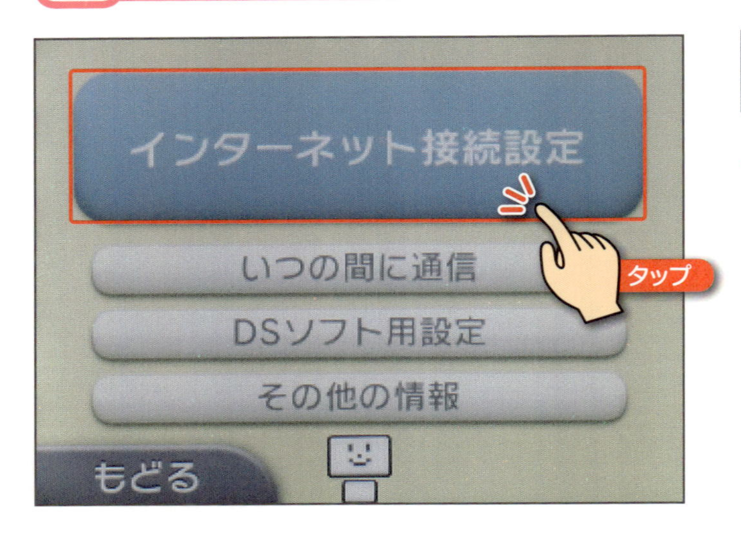

インターネット接続設定 を

タップ します。

5 インターネット接続設定を開始します

接続先の登録 を

タップ します。

6 設定を続けます

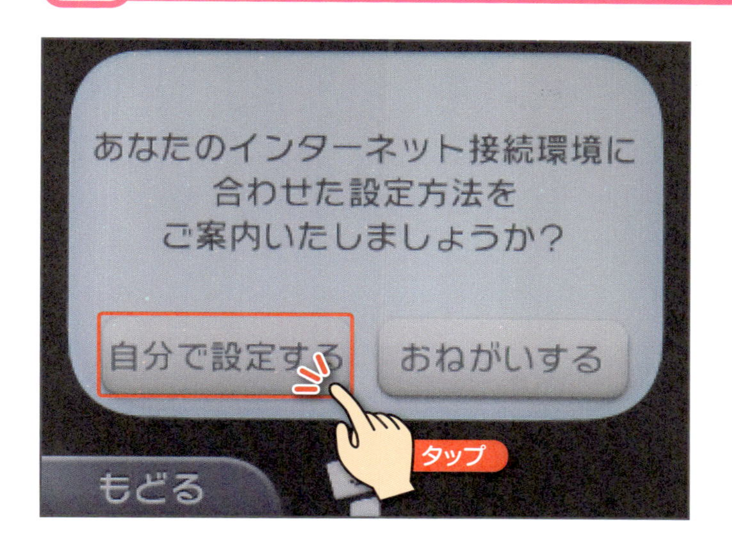

自分で設定する を

タップ します。

7 接続設定方法を選択します

 を

タップ します。

ポイント

手動で接続設定を行いたいときは、手順7の画面で<手動で設定>をタップして、画面の指示に従って接続設定を行います。

次へ

8 設定方法を選択します

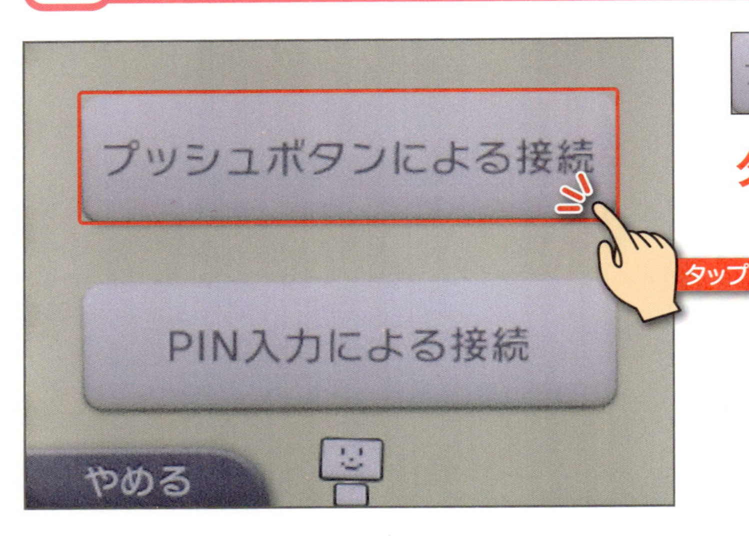

プッシュボタンによる接続 を

タップ します。

9 かんたん設定ボタンを押します

アクセスポイントのWPSボタンを
WPSランプが点滅するまで
押し続けてください。

設定が完了するまで2分程度
かかる場合があります。

やめる

左の画面が表示されたら、ルーターのかんたん設定ボタンを長押して、ルーターをWi-Fiの設定状態にすると、
設定作業が行われます。

ポイント

かんたん設定ボタンを押す時間の長さは、利用しているルーターによって異なります。取り扱い説明書を参考に作業を行ってください。

10 設定が完了します

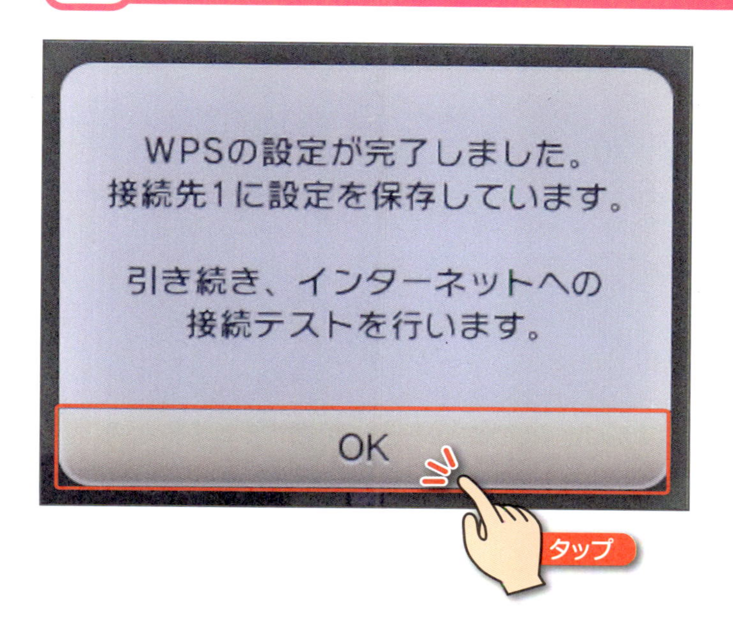

この画面が表示されたら、設定は完了です。

OK を

タップ すると、インターネットへの接続テストが行われます。

11 接続テストが完了します

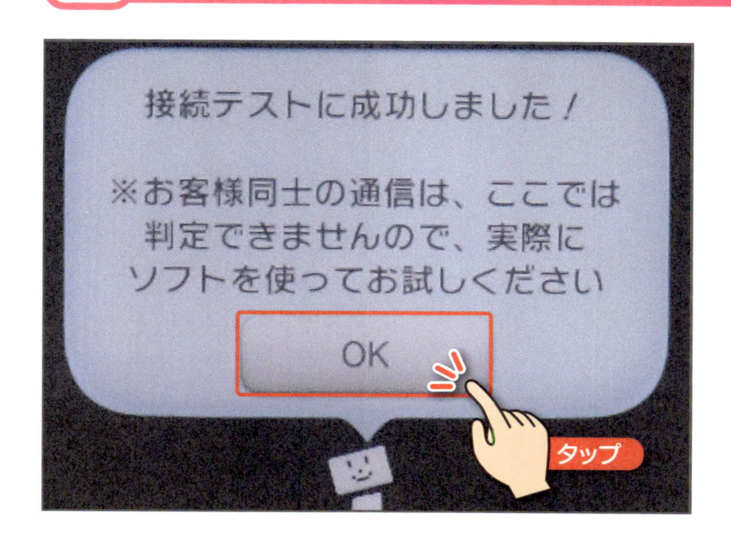

インターネットへの接続テストに成功すると、この画面が表示されます。

OK を

タップ します。

終わり

Section 04

デジカメを接続しよう

- かんたん設定ボタン
- ペアリング
- EOS Utility

Wi-Fi機能搭載のデジカメは、かんたん設定ボタンまたは手動で自宅のWi-Fiルーターに接続できます。ここでは、キヤノンの「EOS Kiss X9」を例に接続方法を紹介します。

Wi-Fi機能搭載デジカメでできること

Wi-Fi機能搭載デジカメをWi-Fiルーターに接続すると、デジカメの専用機能を利用できます。利用できる機能はメーカーによって異なりますが、たとえば、パソコンから専用アプリで**リモート撮影**を行ったり、インターネット上の**専用サイトに撮影した写真をアップロード**したりできます。ここでは、リモート撮影ができるようになるまでの設定方法を説明します。なお、取り扱い説明書を参考に、「EOS Utility」をパソコンにインストールしてから作業をしてください。

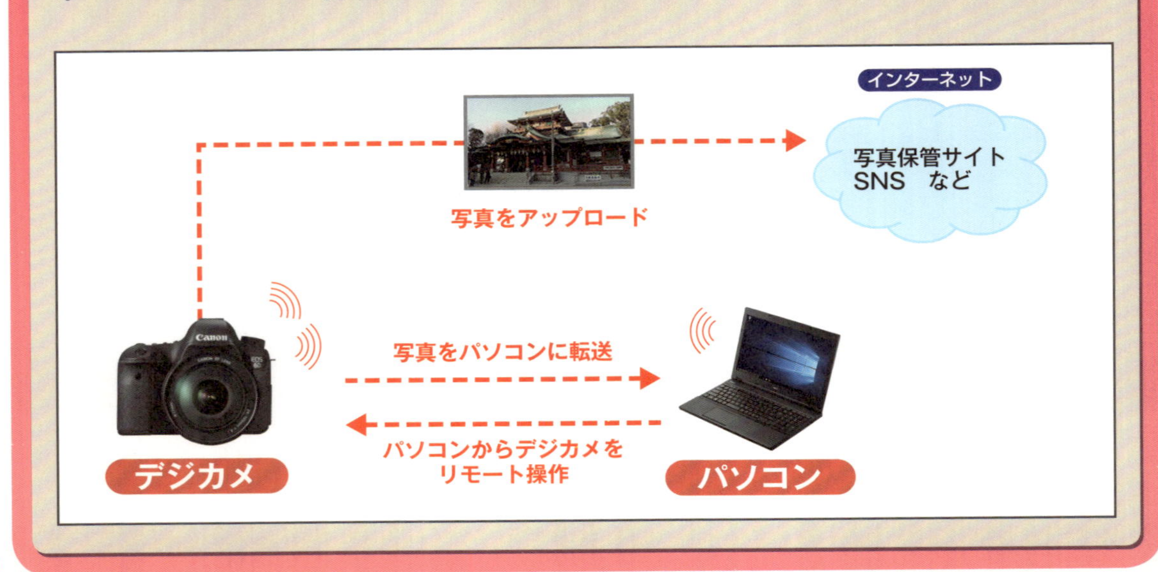

1 「無線通信の設定」画面を表示します

デジカメの電源をオンにして、

を押します。

ポイント

操作ボタンの位置などは、デジカメの取り扱い説明書を参照してください。

2 「Wi-Fi設定」画面を表示します

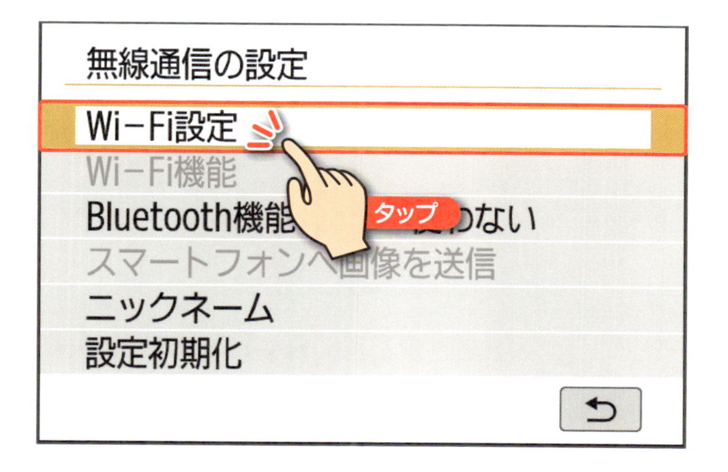

Wi-Fi設定 を

タップ します。

次へ

3 Wi-Fiの利用許可を設定します

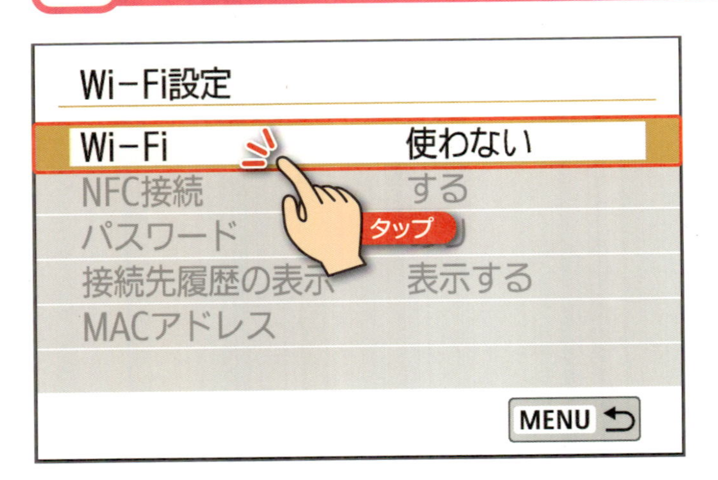

Wi-Fi を

タップ して、

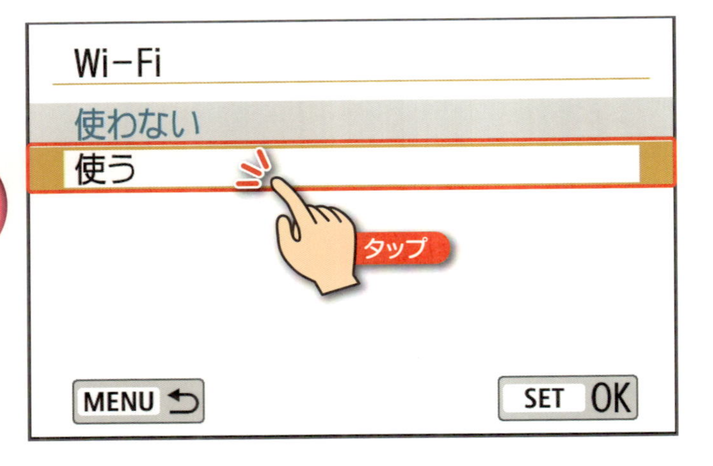

使う を

タップ します。

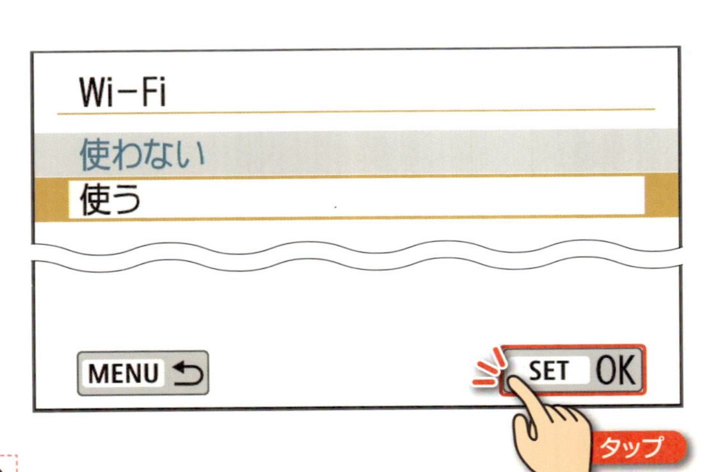

を

タップ します。

4 ニックネームを設定します

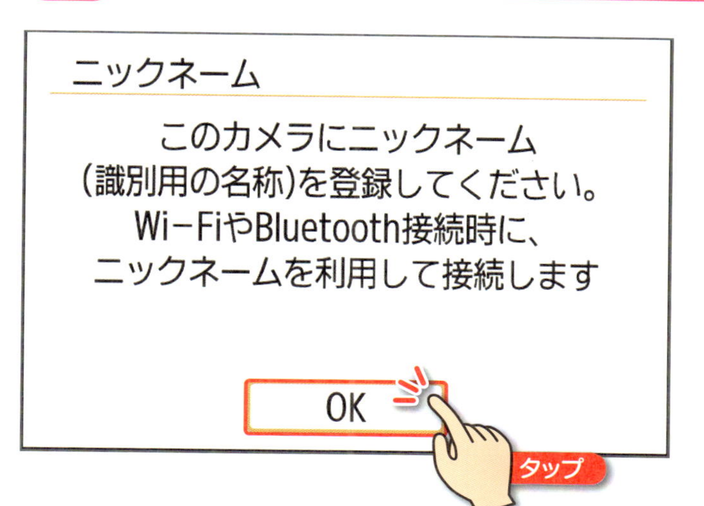

この画面が表示されたら、

OK を

タップ します。

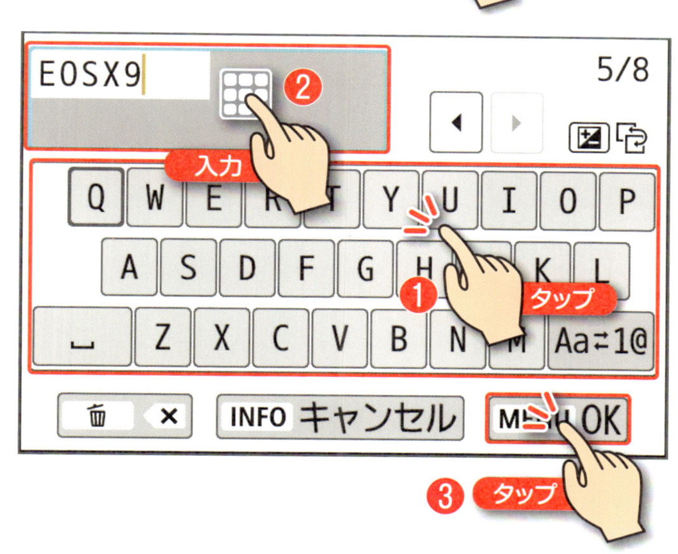

アルファベットを

タップ して、

ニックネームを

入力 し、

MENU OK を

タップ します。

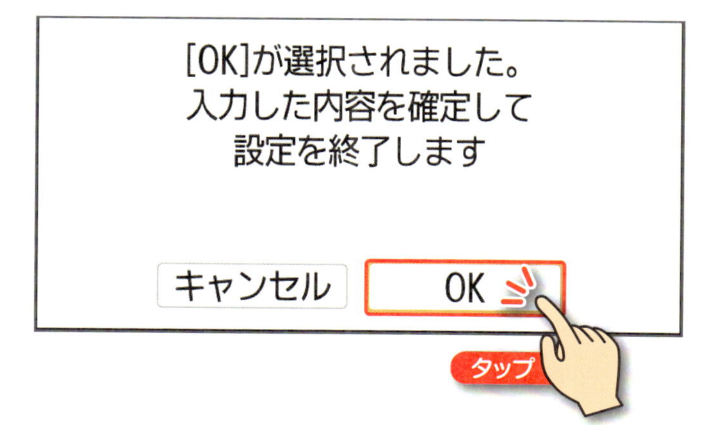

OK を

タップ します。

次へ

5 Wi-Fi機能の設定を行います

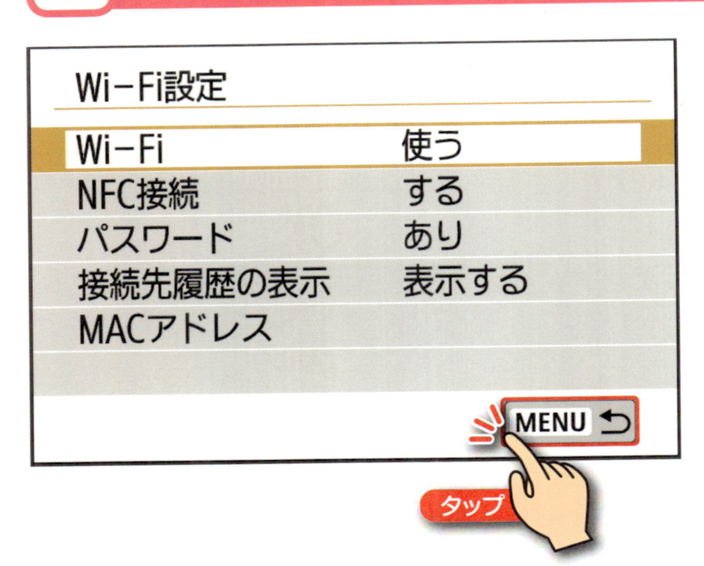

MENU を

タップ します。

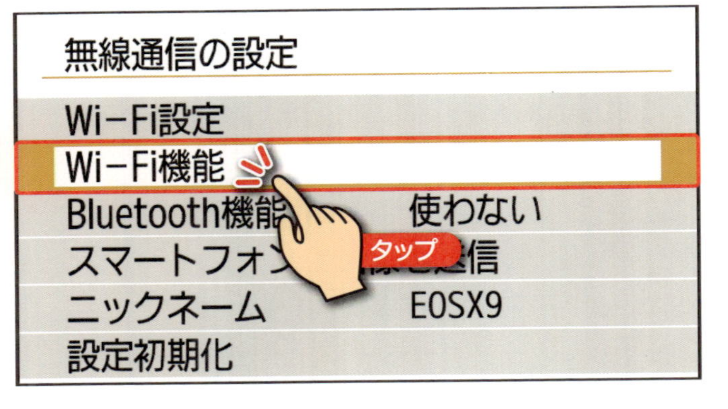

Wi-Fi機能 を

タップ します。

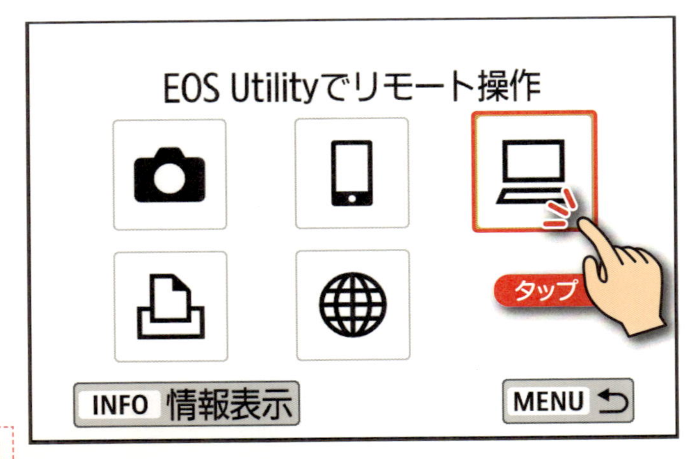

を

タップ します。

6 接続先機器の登録を開始します

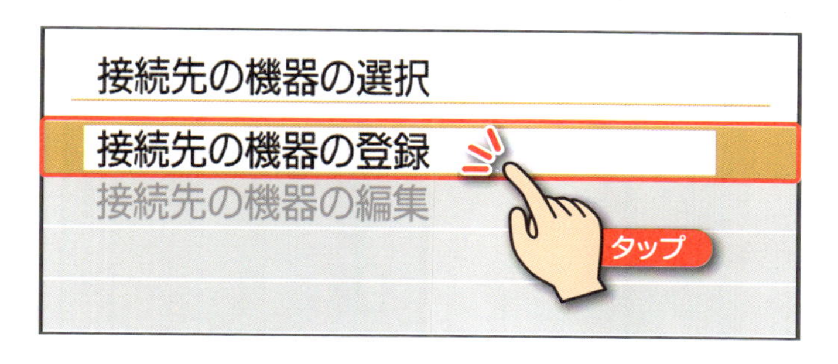

接続先の機器の登録 を

タップ します。

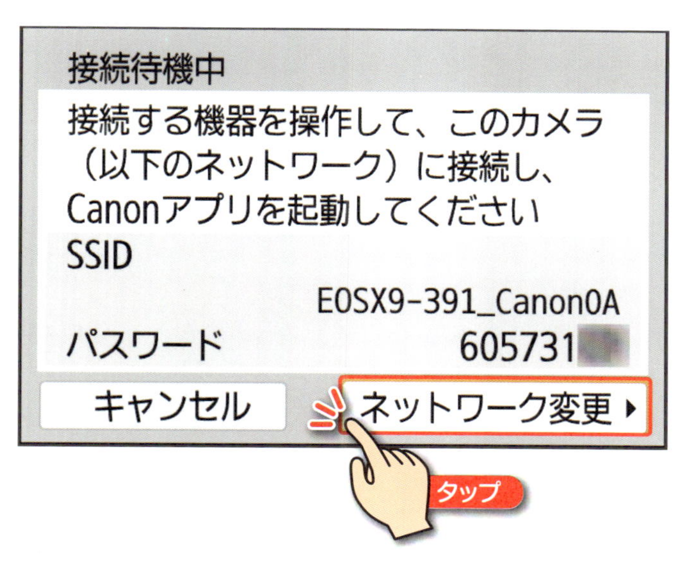

ネットワーク変更 を

タップ します。

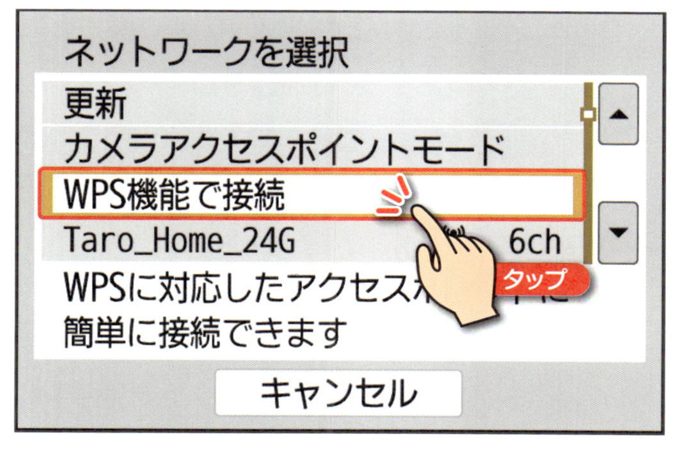

WPS機能で接続 を

タップ します。

ポイント

手動でアクセスポイントへの接続設定を行うときは、接続したいSSIDをタップして、画面の指示に従って設定を行ってください。

次へ

7 接続設定の方法を選択します

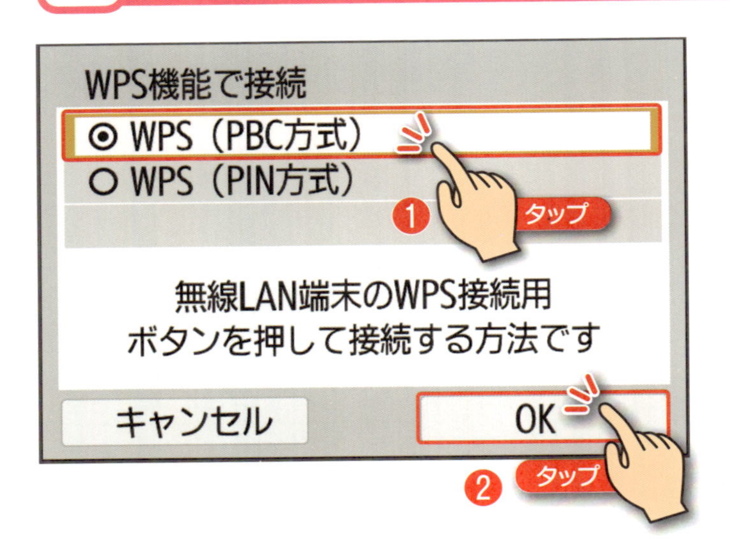

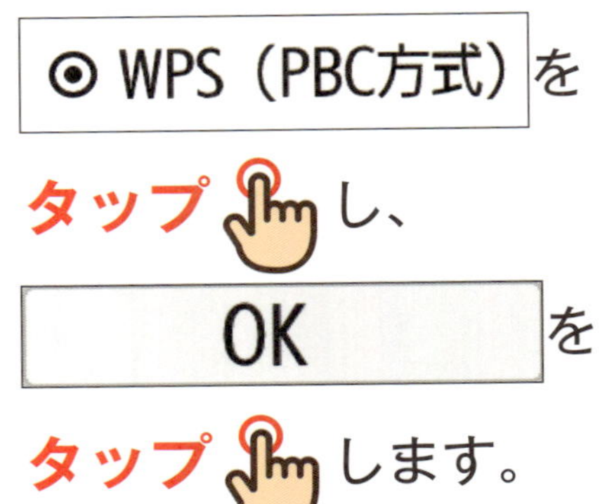

WPS（PBC方式）を
タップし、
OK を
タップします。

8 かんたん設定ボタンを押します

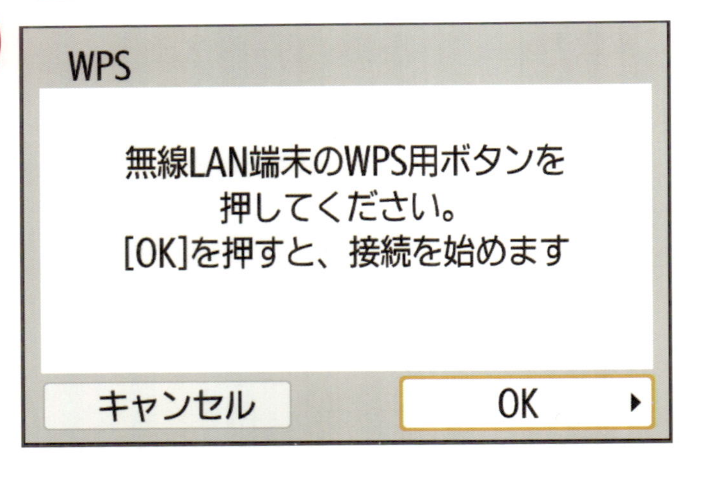

この画面が表示されたら、

ルーターのかんたん設定ボタンを長押して、
ルーターをWi-Fiの設定状態にします。

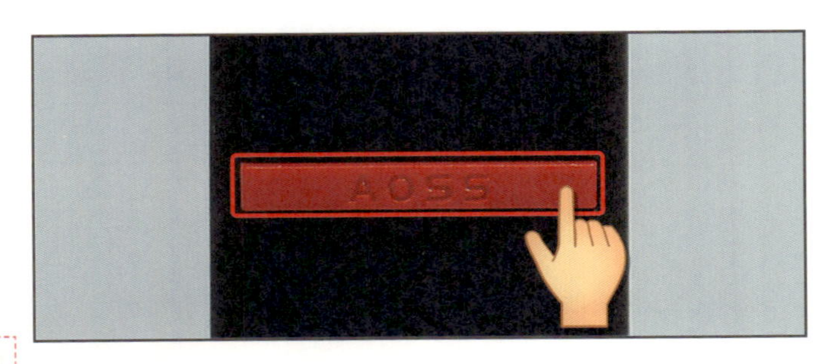

ポイント

かんたん設定ボタンを押す時間の長さは、利用しているルーターによって異なります。取り扱い説明書を参考に作業を行ってください。

9 接続設定を行います

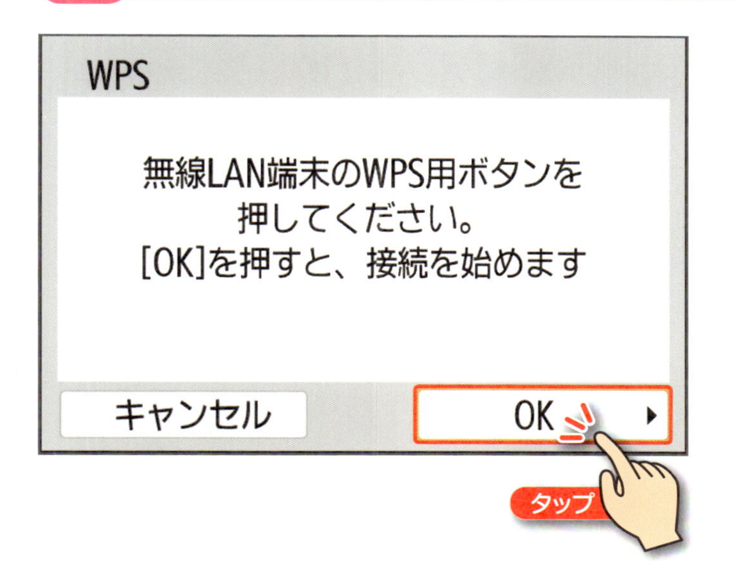

OK を
タップ して、
接続設定を行います。

10 IPアドレス設定を行います

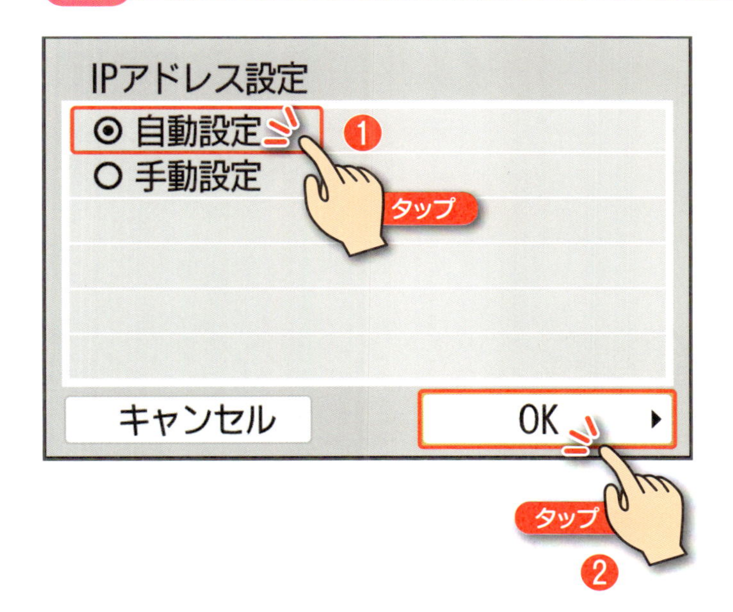

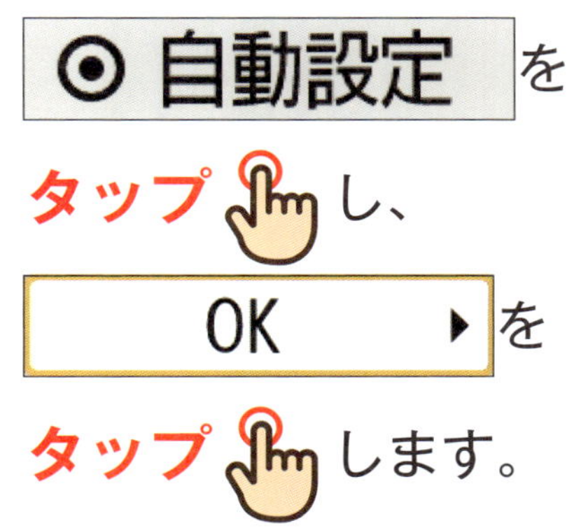

自動設定 を
タップ し、
OK を
タップ します。

11 ペアリング設定を開始します

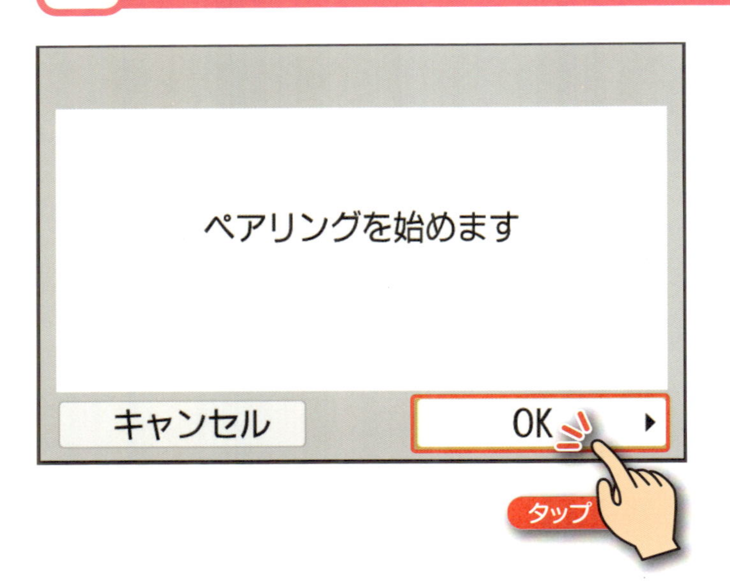

OK を

タップ します。

EOS−8C2DB2はパソコンと
ペアリング（接続）中です。
パソコンを操作して、EOS
Utilityを起動してください

キャンセル

この画面が表示されたら、

ポイント

EOS Utilityはあらかじめパソコンにインストールしておきます。

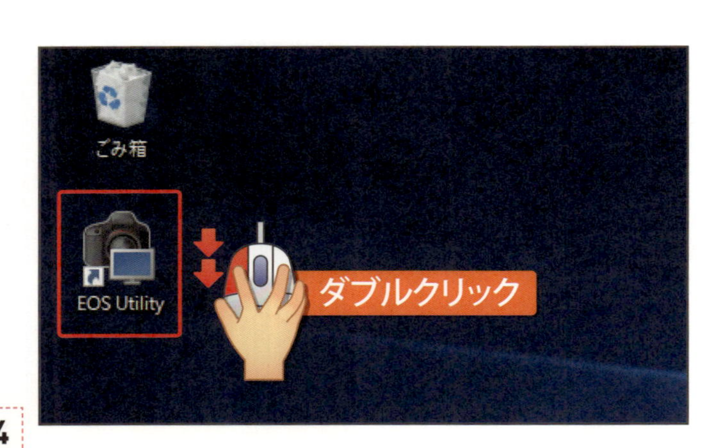

パソコンのデスクトップにある EOS Utility を

します。

12 EOS Utility Launcherが起動します

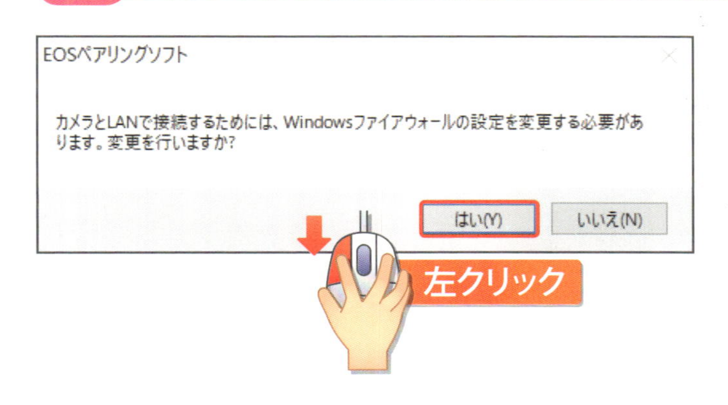

この画面が表示されたときは、

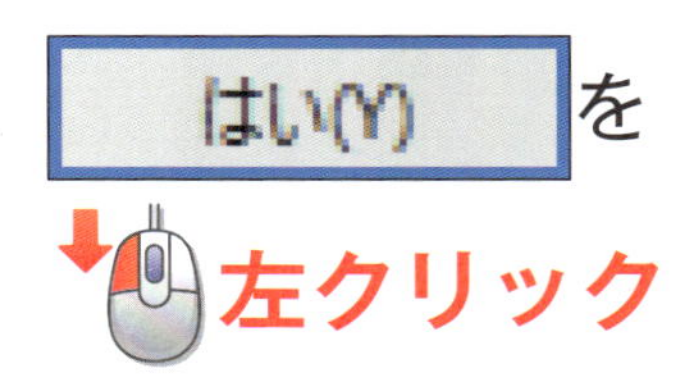

します。

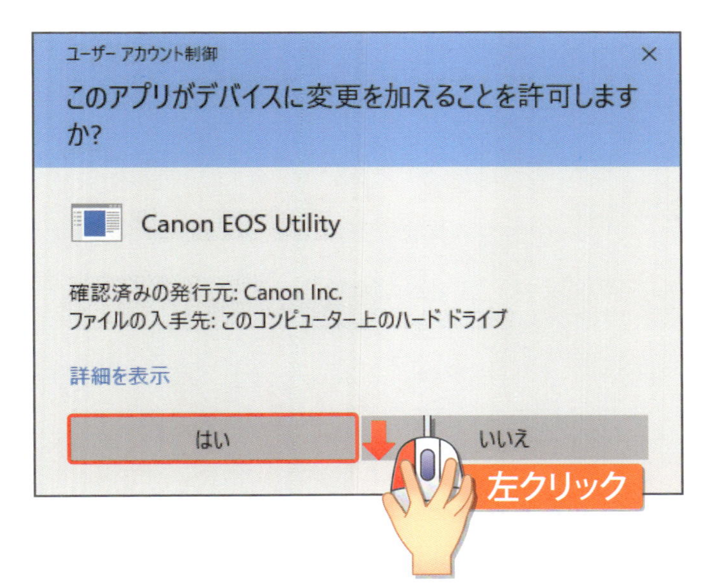

この画面が表示されたときは、

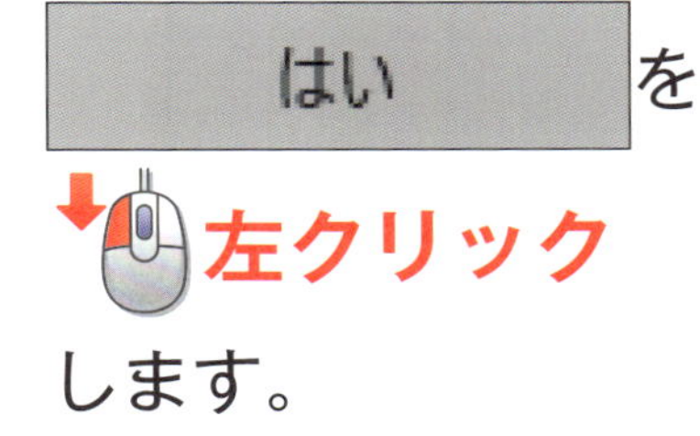

します。

EOS Utility Launcher
EOSカメラを接続してください。
Wi-Fi/LAN接続 ペアリング
閉じる

EOS Utility Launcherが起動しました。

次へ

13 ペアリングを行います

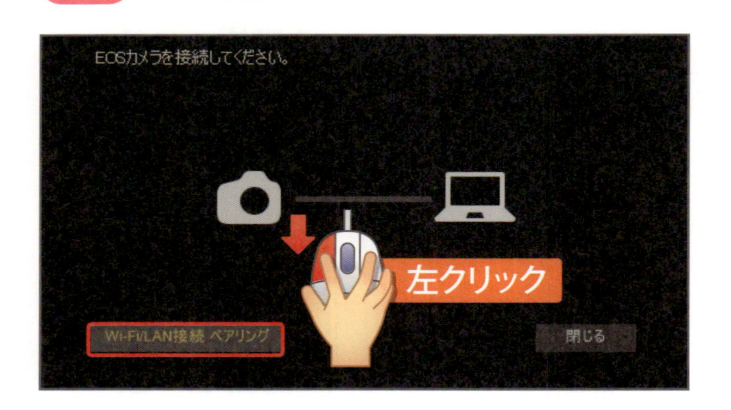

を

左クリック

します。

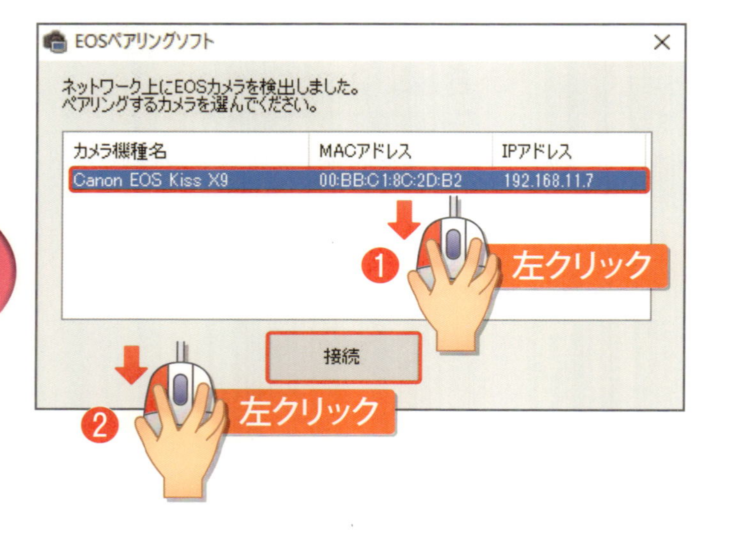

ペアリングするデジカメを

左クリックし、

を

左クリック

します。

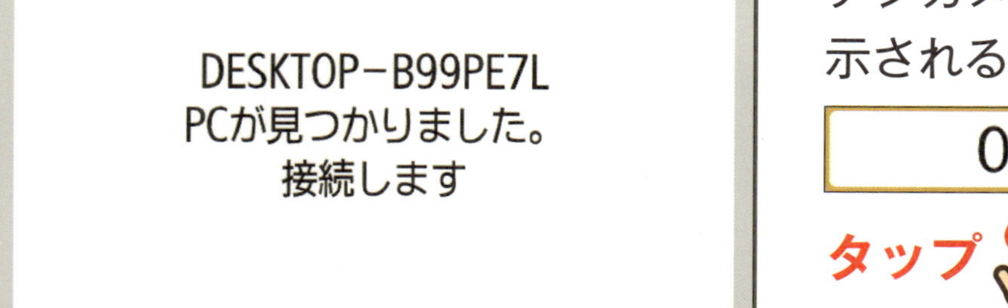

デジカメにこの画面が表示されるので、

OK を

タップ します。

14 EOS Utilityが起動します

デジカメとの接続が完了し、
パソコンでEOS Utilityが起動します。

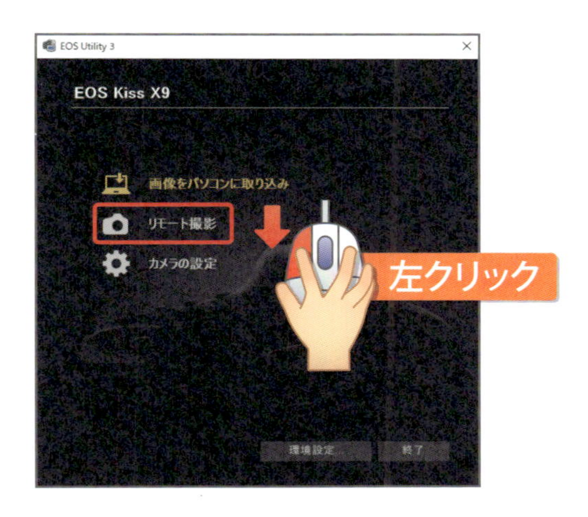

<リモート撮影>を
左クリック
すると、

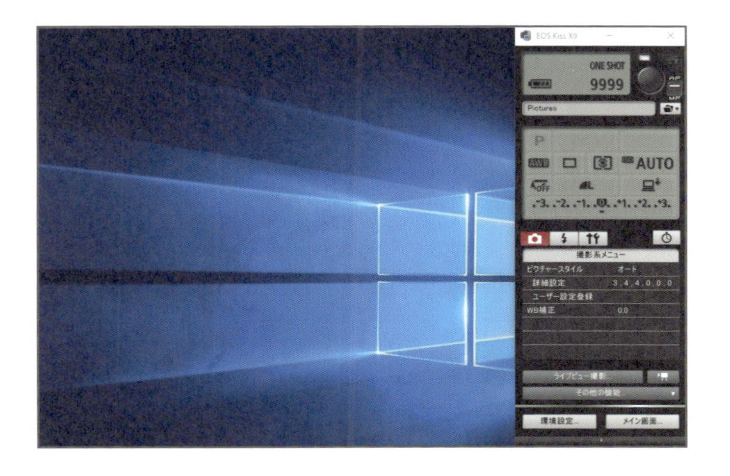

リモート操作画面がパソコンに表示されます。
この画面からリモート撮影などが行えます。

次へ

15 Wi-Fi接続を終了します

デジカメの 切断して終了 を タップ します。

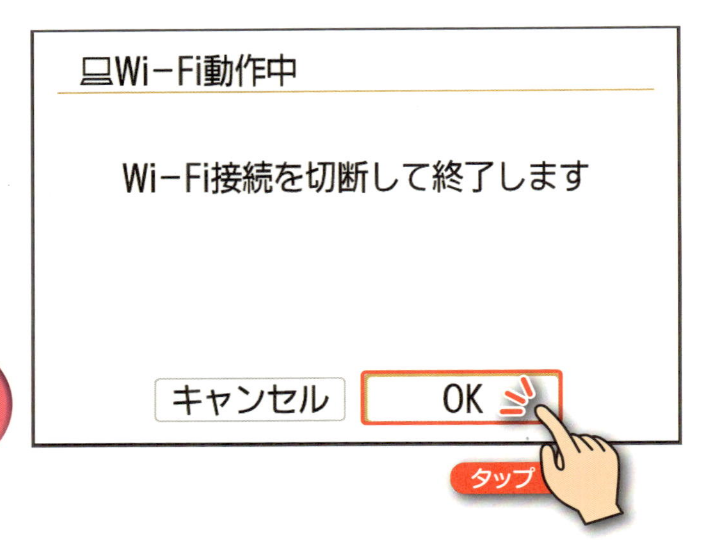

OK を タップ すると、Wi-Fi接続が終了して、アプリが自動終了します。

ポイント

デジカメの液晶が表示されていないときは、を押します。

終わり

コラム 次回Wi-Fiを利用するときは?

次回Wi-Fiを利用するときは、パソコンを起動しておき、デジカメの電源を入れて、を押します。接続先リストが表示されるので、接続先をタップすると、自動的にパソコン内のEOS Utilityが起動します。

機器接続編

スマホやタブレットを接続しよう

この章でできること

- iPhoneを接続する
- Androidスマホを接続する
- iPadを接続する
- Androidタブレットを接続する
- iPhone内の写真を印刷する

機器接続編

Section 01

この章でやることを知っておこう

- アクセスポイント
- インターネット
- 印刷

この章では、スマホやタブレットを自宅に設置したWi-Fiルーターのアクセスポイントに接続したり、プリンターに接続したりする方法を紹介します。

 スマホやタブレットを接続する方法を紹介します

スマホやタブレットを自宅に設置したWi-Fiルーターのアクセスポイントに接続するには、**接続先の表示**、**接続先の選択**、**ネットワークセキュリティキーの入力**の順で操作します。

Section 02 iPhoneを手動で接続しよう 82ページ参照
Section 03 iPhoneをAOSS2で接続しよう 86ページ参照
Section 04 Androidスマホを手動で接続しよう 92ページ参照
Section 05 iPadを手動で接続しよう 96ページ参照
Section 06 Androidタブレットを手動で接続しよう 100ページ参照

インターネットをスマホで利用できるようになります

スマホやタブレットをWi-Fiで利用すると、携帯電話会社と契約しているデータプランの**パケットを消費することなく、インターネットを楽しめます**。データプランを契約していないタブレットは、Wi-Fi利用することでインターネットを楽しめるようになります。

スマホからWi-Fiで印刷する方法を紹介します

Wi-Fi機能を搭載したプリンターは、スマホやタブレットから**印刷**できる製品があります。このタイプの製品は、スマホやタブレットから**Wi-Fiでプリンターに接続**して、印刷を行えます。

Section 07 iPhone内の写真を印刷しよう 104ページ参照

Section 02

iPhoneを手動で接続しよう

- アクセスポイント
- パスワード
- ほかのネットワーク

ここでは、自宅のWi-Fiルーターのアクセスポイントに iPhone を手動で接続する方法を説明します。事前にSSIDとネットワークセキュリティキーを確認しておきましょう。

1 「設定」画面を表示します

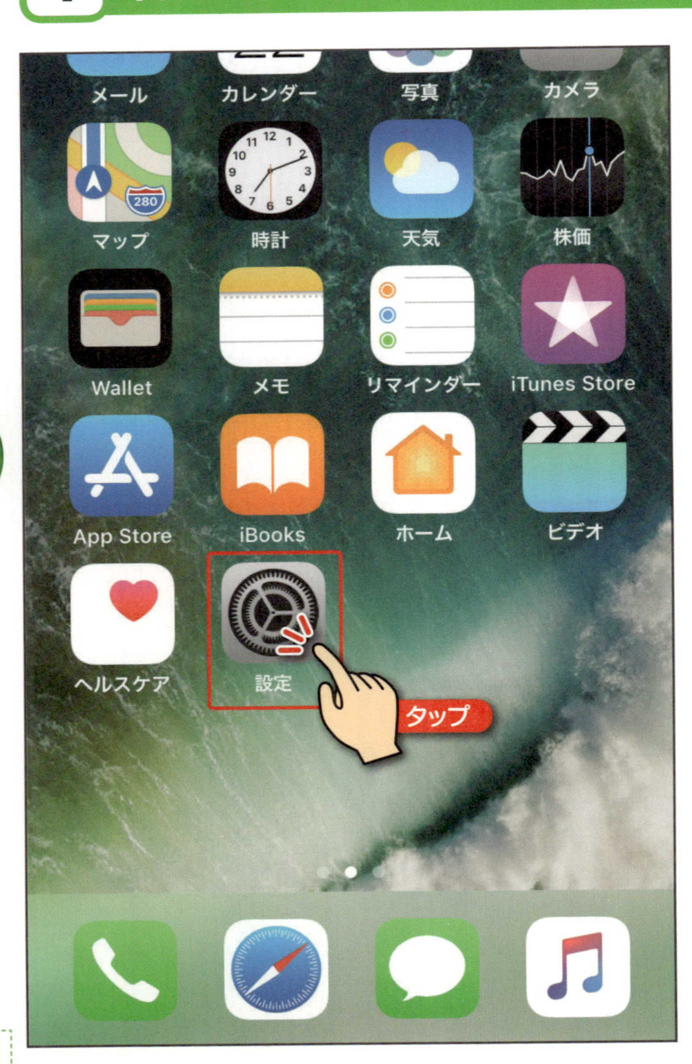

をタップします。

2 「Wi-Fi」画面を表示します

と表示されていないことを確認し、

タップ  します。

コラム Wi-Fiがオフになっていたときは?

上の手順2で Wi-Fi が オフ と表示されていたときは、Wi-Fi をタップして、以下の手順でWi-Fiをオンに設定します。

をタップして、

にすると、次ページの手順3の画面が表示されます。

3 接続先のアクセスポイントを選択します

アクセスポイントの一覧が表示されます。
接続先のアクセスポイント（ここでは Taro Home ）を**タップ**します。

ポイント

接続したいアクセスポイントが表示されない場合は、リストを下方向にスワイプして一覧の更新を行ってください。

4 パスワードを入力します

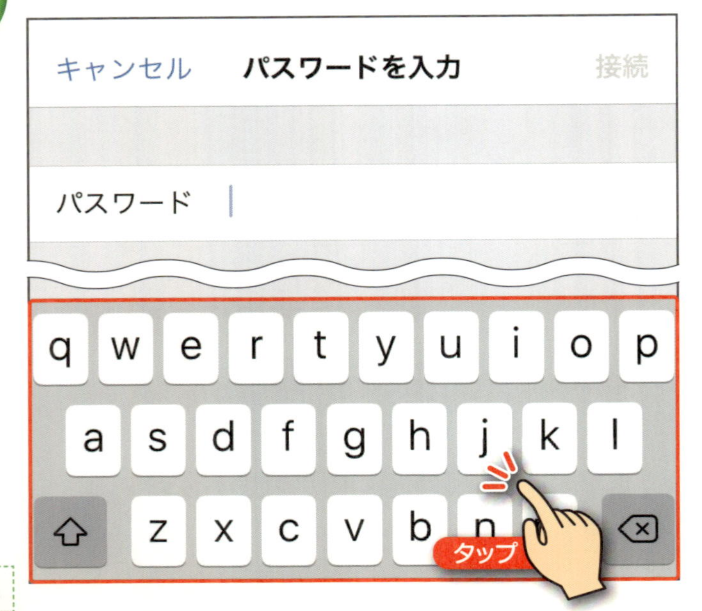

タッチキーボードを**タップ**して
パスワードを
入力します。

ポイント

事前に確認しておいたパスワード（ネットワークセキュリティキー）を入力してください。

5 アクセスポイントに接続します

タッチキーボードの Join を

タップ します。

6 接続が完了します

アクセスポイントに接続され、
接続中のアクセスポイントが表示されます。

終わり

Section 03

iPhoneをAOSS2で接続しよう

- AOSS2
- 3桁の数字
- プロファイル

ここでは、iPhoneをWi-Fiルーターに接続する方法を説明します。接続はAOSS2を利用します。AOSS2とはバッファロー製Wi-Fiルーターに搭載されている独自の機能です。

1 「設定」画面を表示します

をタップします。

ポイント

AOSS2で設定を行うときには、AOSS2で利用するSSID(「!AOSS」の名称から始まるアクセスポイントの名称)とAOSS2キーと呼ばれる3桁の数字が必要です。設定開始前に取り扱い説明書などを参考にそれぞれを確認しておいてください。

2 「Wi-Fi」画面を表示します

と表示されていないことを確認し、

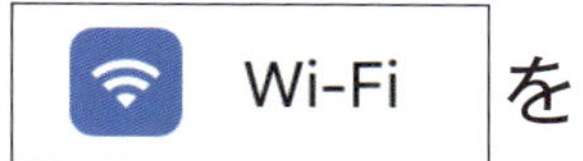

を

します。

コラム Wi-Fiがオフになっていたときは?

上の手順2で Wi-Fi が オフ と表示されていたときは、Wi-Fi をタップして、以下の手順でWi-Fiをオンに設定します。

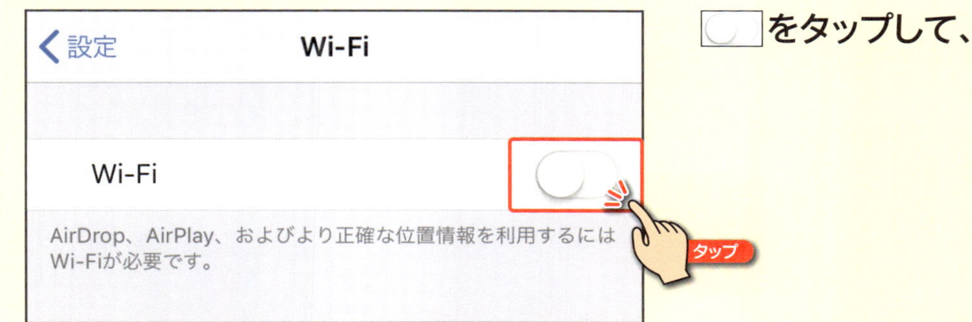

をタップして、

設定 Wi-Fi
Wi-Fi
ネットワークを選択...

にすると、次ページの手順3の画面が表示されます。

3 AOSS2キーによる設定を開始します

Wi-Fiルーターのかんたん設定ボタンを長押しして、ルーターをWi-Fiの設定状態にします。

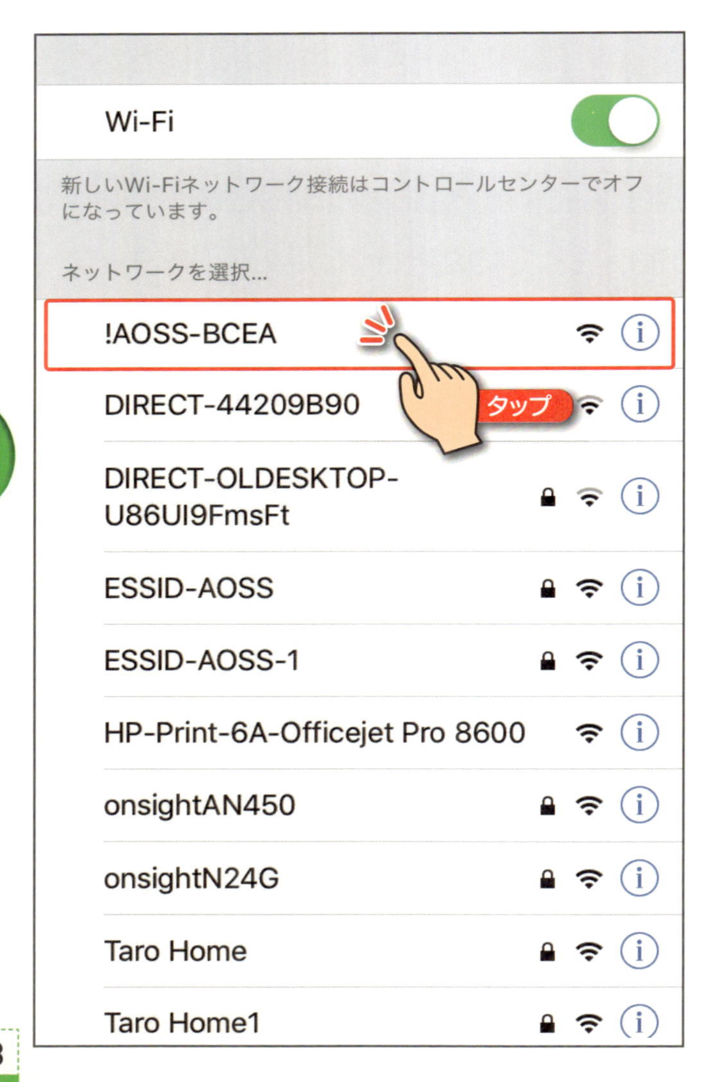

接続先のアクセスポイント（ここでは !AOSS-BCEA ）を**タップ**します。

4 AOSS2キーを入力します

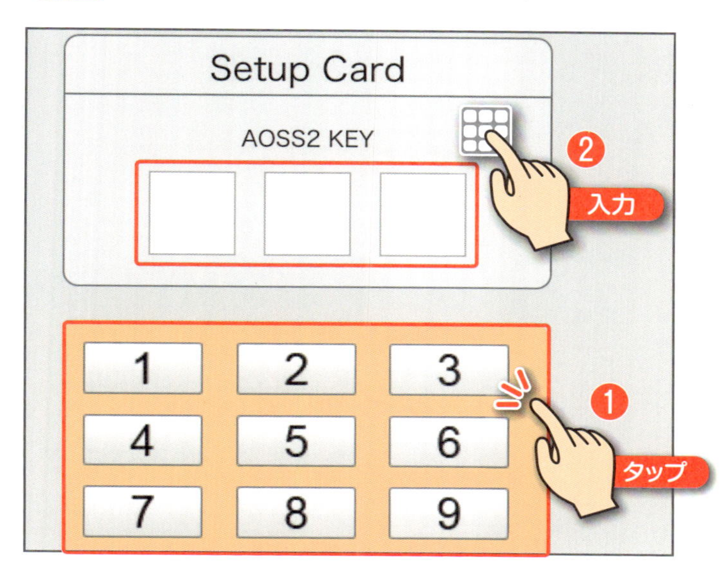

タッチキーボードをタップして3桁の数字を入力します。

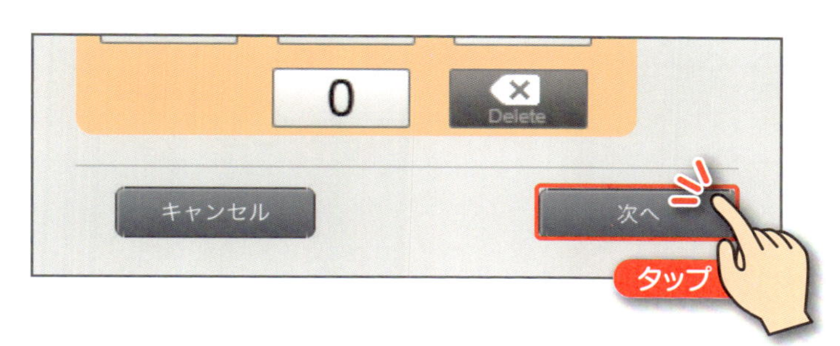

をタップします。

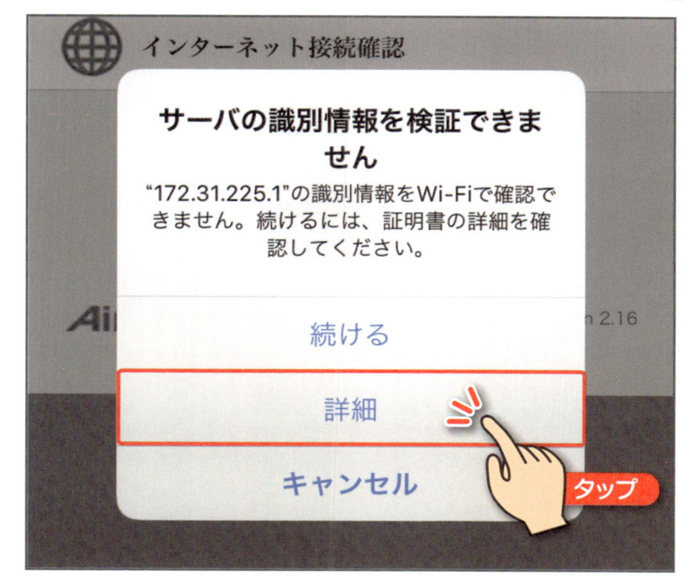

しばらくすると、この画面が表示されます。詳細をタップします。

ポイント

この画面が表示されるまでは、数分かかる場合があります。

5 プロファイルのインストールを行います

インストール をタップします。

ポイント

「プロファイルをインストール」画面ではなく、「証明書」画面が表示されたときは、次ページのコラムを参考に手順を進めてください。

インストール をタップします。

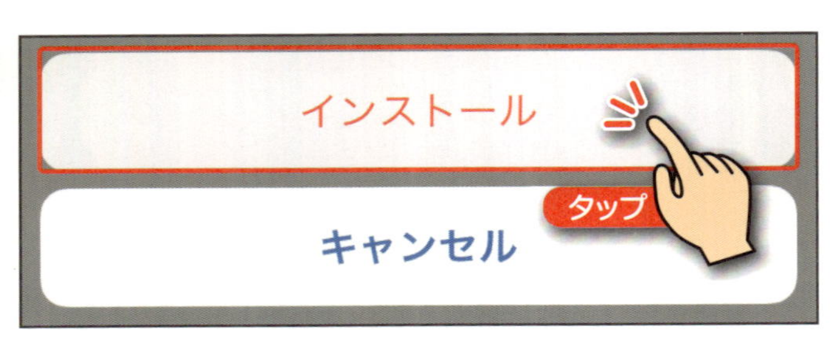

インストール をタップします。

完了 をタップすると、Wi-Fiの接続設定は完了です。

終わり

第4章 スマホやタブレットを接続しよう

コラム 「証明書」画面が表示されたときは?

89ページの手順④のあとには、通常、90ページの「プロファイルをインストール」画面が表示されますが、代わりに「証明書」画面が表示される場合があります。「証明書」画面が表示されたときは、以下の手順で作業します。

信頼 をタップします。

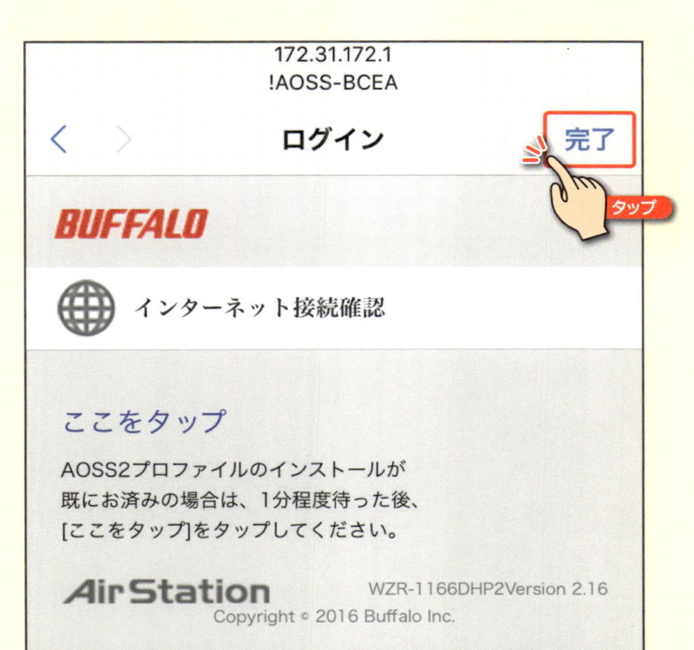

完了 をタップすると、90ページの「プロファイルをインストール」画面が表示されます。

Section 04

Androidスマホを手動で接続しよう

- 設定画面
- アクセスポイント
- ネットワークセキュリティキー

ここでは、自宅のWi-Fiルーターのアクセスポイントに Androidスマホを手動で接続する方法を説明します。事前にSSIDとネットワークセキュリティキーを確認しておきましょう。

1 「アプリ」画面を表示します

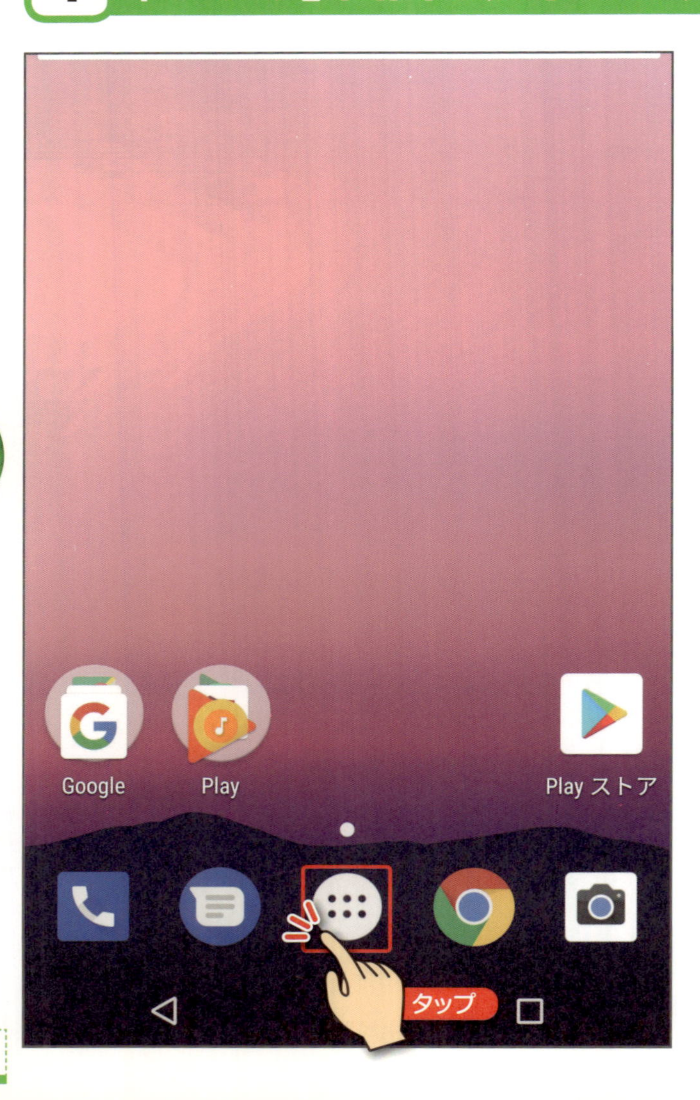

ホーム画面で を

タップ します。

ポイント

ここでは、Google製のAndroidスマホ「Nexus 5X」を例に説明しています。他社製のAndroidスマホでは、画面が異なる場合があります。

2 「設定」画面を表示します

を

タップ します。

3 「ネットワークとインターネット」画面を表示します

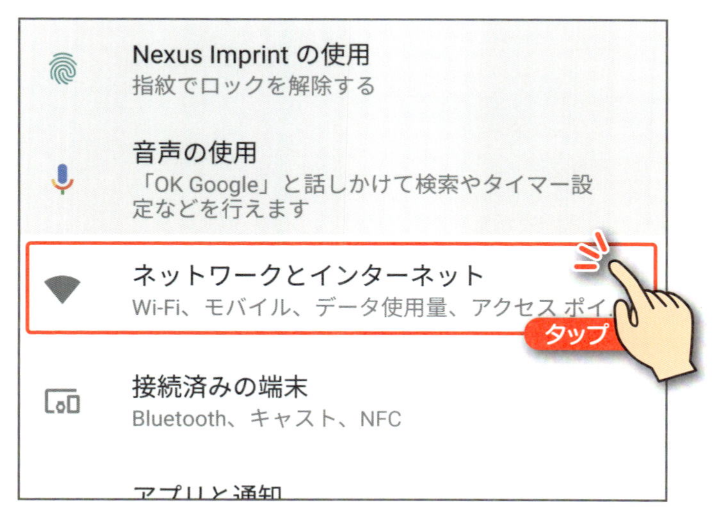

ネットワークとインターネット
Wi-Fi、モバイル、データ使用量、アクセス ポイ...

を

タップ します。

次へ

4 「Wi-Fi」画面を表示します

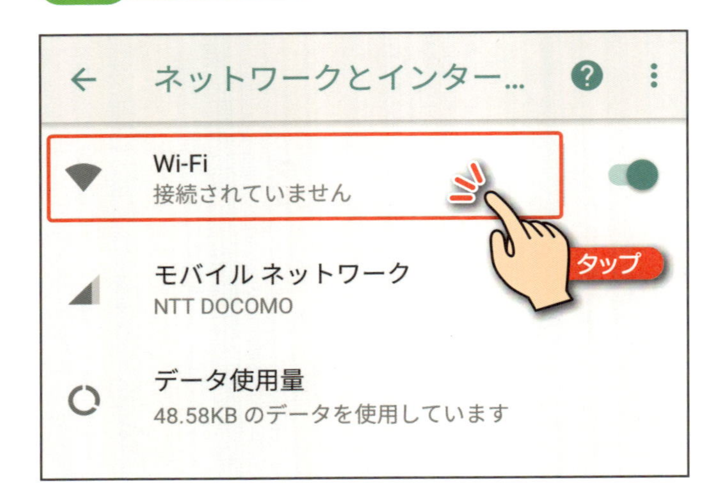

を

タップ します。

ポイント

Wi-Fi OFF と表示されていたときは、をタップしてにしてWi-Fiをオンにします。

5 接続先のアクセスポイントを選択します

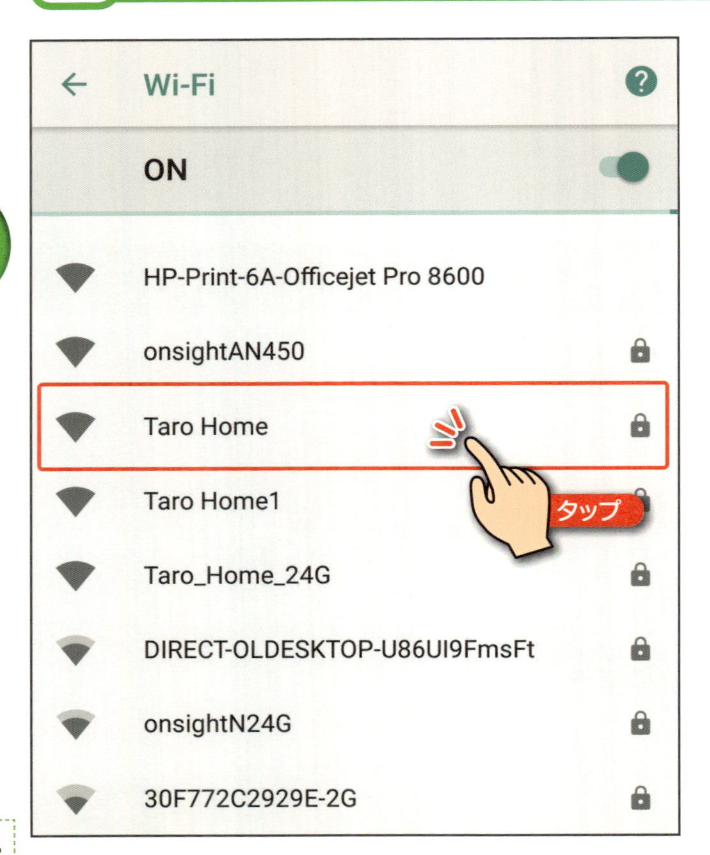

接続先のアクセスポイント（ここでは

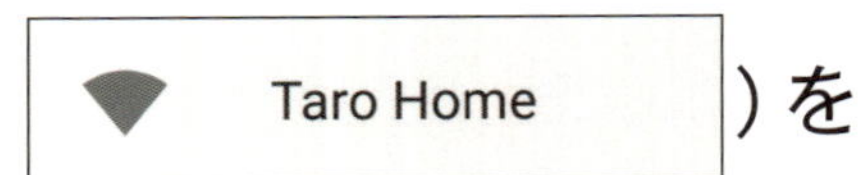

）を

タップ します。

ポイント

接続したいアクセスポイントが一覧に表示されない場合は、リストを下方向にスワイプして一覧の更新を行ってください。

6 パスワードを入力します

タッチキーボードを**タップ**して、パスワードを**入力**し、接続をタップします。

ポイント

ここで入力するパスワードは、ネットワークセキュリティキーとも呼ばれています。事前に確認しておいたパスワード（ネットワークセキュリティキー）を入力してください。

アクセスポイントに接続され、接続中のアクセスポイントに、接続済みと表示されます。

終わり

Section 05

iPadを手動で接続しよう

✔ 設定画面
✔ アクセスポイント
✔ ネットワークセキュリティキー

ここでは、自宅のWi-Fiルーターのアクセスポイントにi Padを手動で接続する方法を説明します。事前にSSIDとネットワークセキュリティキーを確認してから作業してください。

1 「設定」画面を表示します

をタップします。

2 「Wi-Fi」画面を表示します

と表示されていないことを確認し、

をタップします。

3 接続先のアクセスポイントを選択します

しばらくするとアクセスポイントの一覧が表示されます。

接続先のアクセスポイント（ここでは Taro Home ）を**タップ**します。

ポイント

接続したいアクセスポイントが一覧に表示されない場合は、リストを下方向にスワイプして一覧の更新を行ってください。

コラム Wi-Fiがオフになっていたときは?

96ページの手順2で Wi-Fi が オフ と表示されていたときは、Wi-Fiをオンに設定します。 Wi-Fi をタップして、（オフのスイッチ）をタップし、（オンのスイッチ）にすると、Wi-Fiがオンに設定されて、手順3の画面が表示されます。

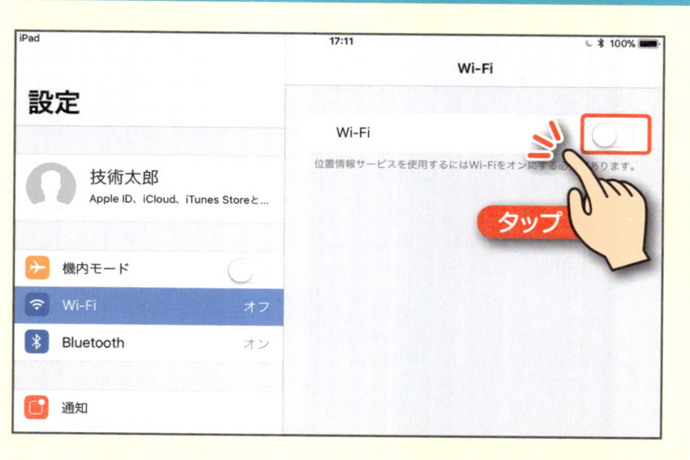

4 パスワードを入力します

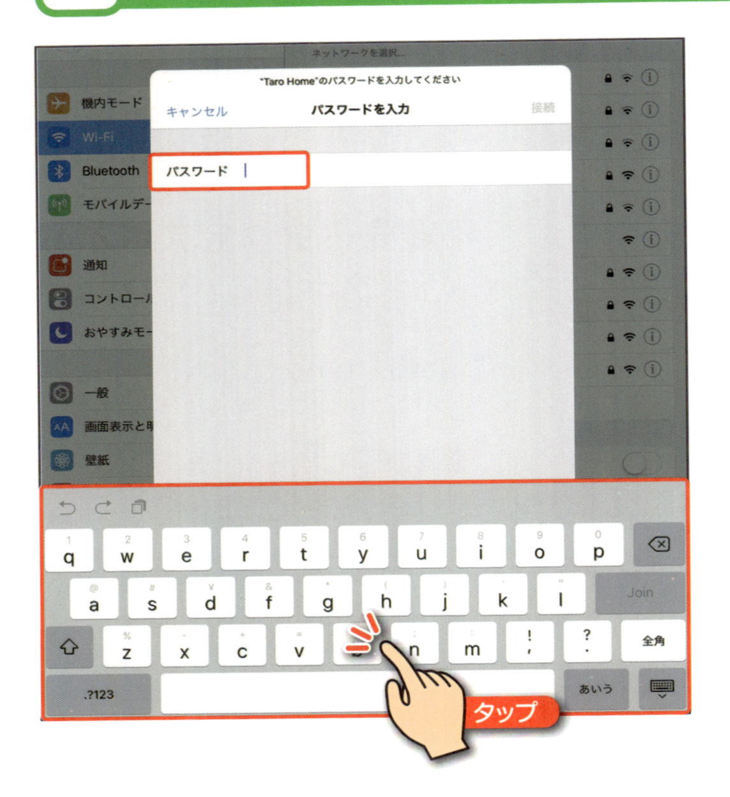

タッチキーボードを**タップ**して、パスワードを**入力**します。

ポイント

ここで入力するパスワードは、ネットワークセキュリティキーとも呼ばれています。事前に確認しておいたパスワード(ネットワークセキュリティキー)を入力してください。

5 アクセスポイントに接続する

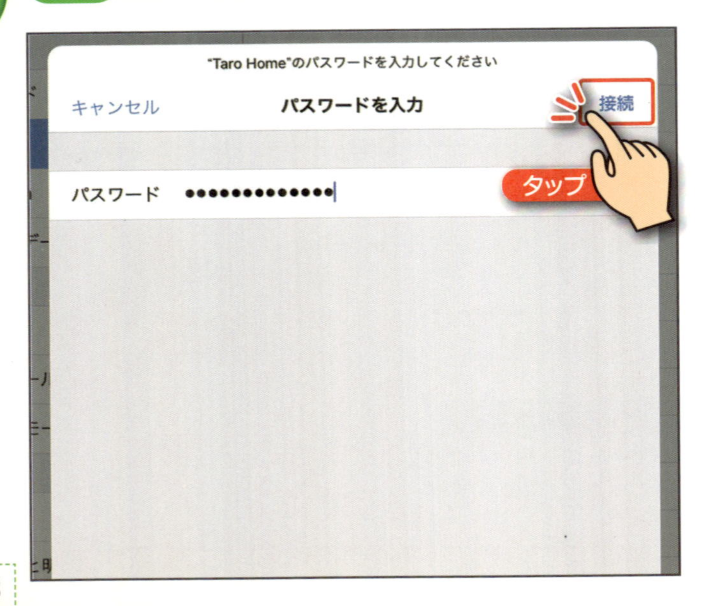

接続を**タップ**します。

第4章 スマホやタブレットを接続しよう

6 接続が完了します

アクセスポイントに接続され、
接続中のアクセスポイントが表示されます。

終わり

コラム AOSS2で接続する

バッファロー製のWi-Fiルーターの一部には、「AOSS2」と呼ばれるバッファロー独自のかんたん設定機能が搭載されています。Wi-Fiルーターがこの機能を搭載しているときは、iPadもAOSS2で設定できます。AOSS2を利用した設定手順は、iPhoneの場合と共通です。詳細は、86ページを参照してください。

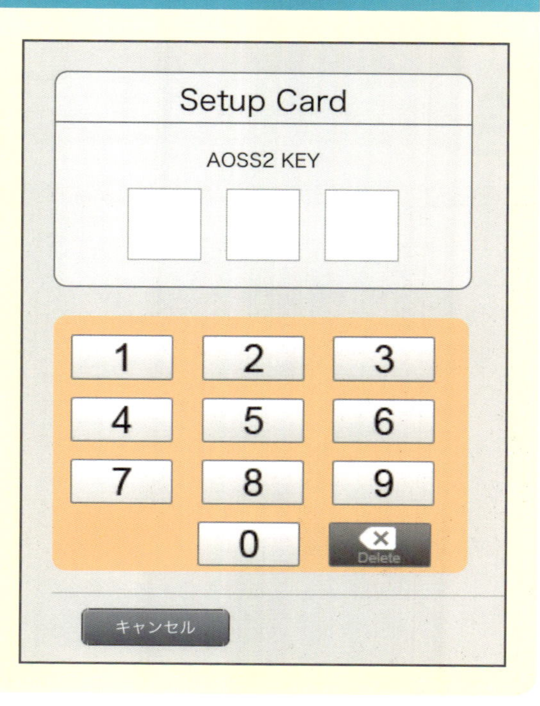

Section 06

Androidタブレットを手動で接続しよう

- AirPrint
- Wi-Fiプリンター
- 印刷

ここでは、自宅のWi-FiルーターのアクセスポイントにAndroidタブレットを手動で接続する方法を説明します。事前にSSIDとネットワークセキュリティキーを確認しておきましょう。

1 「アプリ」画面を表示します

ホーム画面で ⋮⋮ をタップします。

2 「設定」画面を表示します

設定 をタップします。

3 「Wi-Fi」画面を表示します

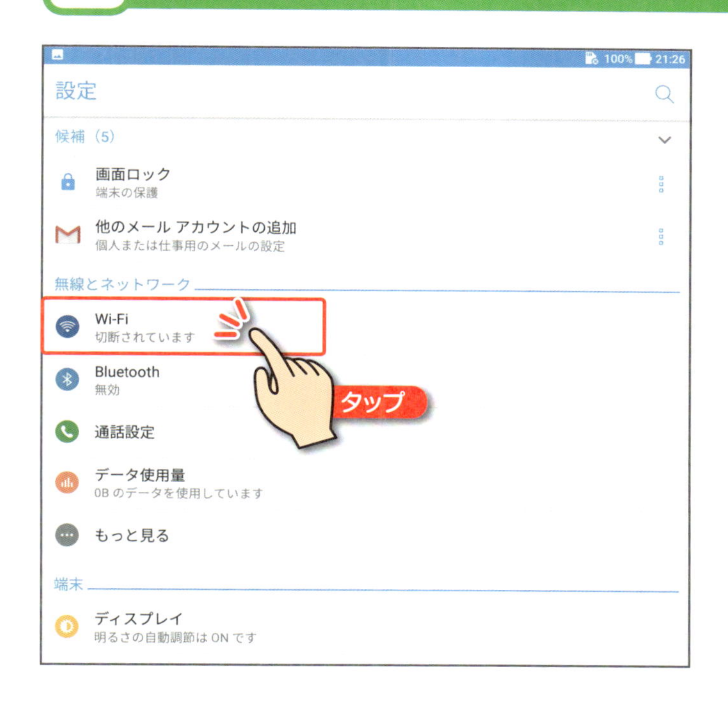

と

表示されていないことを確認して、

を

します。

コラム Wi-Fiが無効になっていたときは?

上の手順3で Wi-Fi が 無効 と表示されていたときは、 Wi-Fi 無効 をタップして、以下の手順でWi-Fiをオンにします。

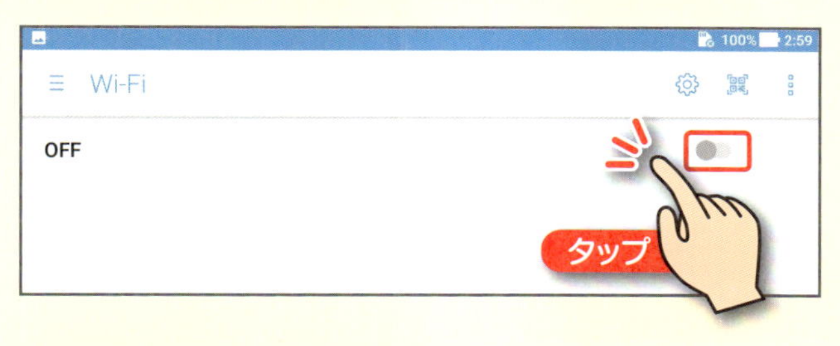

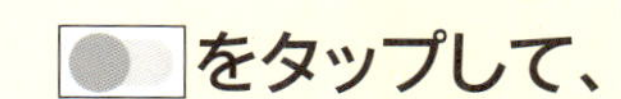
をタップして、

にすると、102ページの手順4の画面が表示されます。

4 接続先のアクセスポイントを選択します

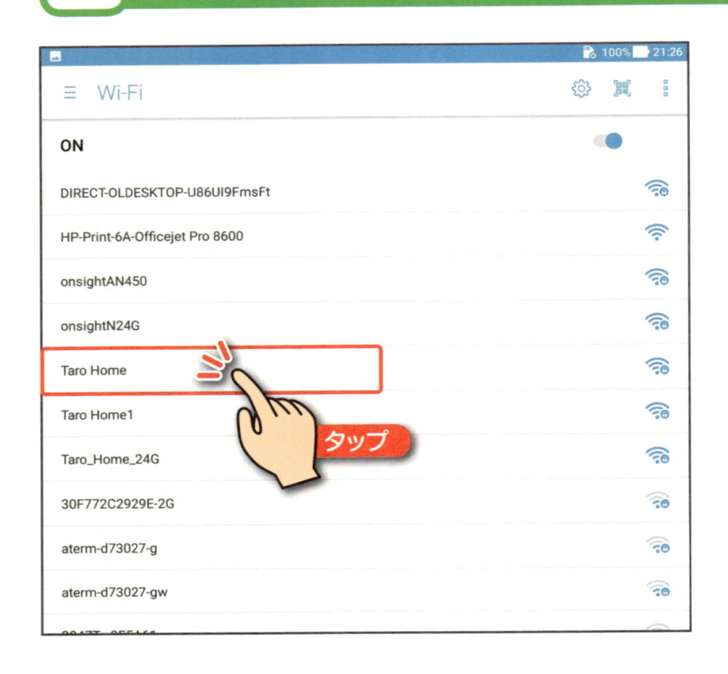

接続先のアクセスポイント(ここでは Taro Home)をタップします。

ポイント

接続したいアクセスポイントが一覧に表示されない場合は、リストを下方向にスワイプして一覧の更新を行ってください。

5 パスワードを入力します

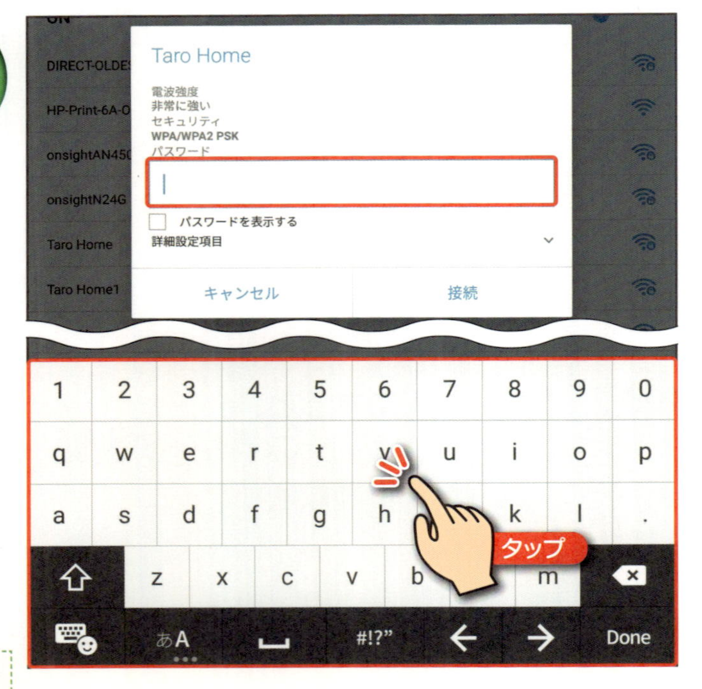

タッチキーボードをタップして、パスワードを入力します。

ポイント

ここで入力するパスワードは、ネットワークセキュリティキーとも呼ばれています。事前に確認しておいたパスワード(ネットワークセキュリティキー)を入力してください。

6 アクセスポイントに接続します

接続 をタップします。

7 接続が完了します

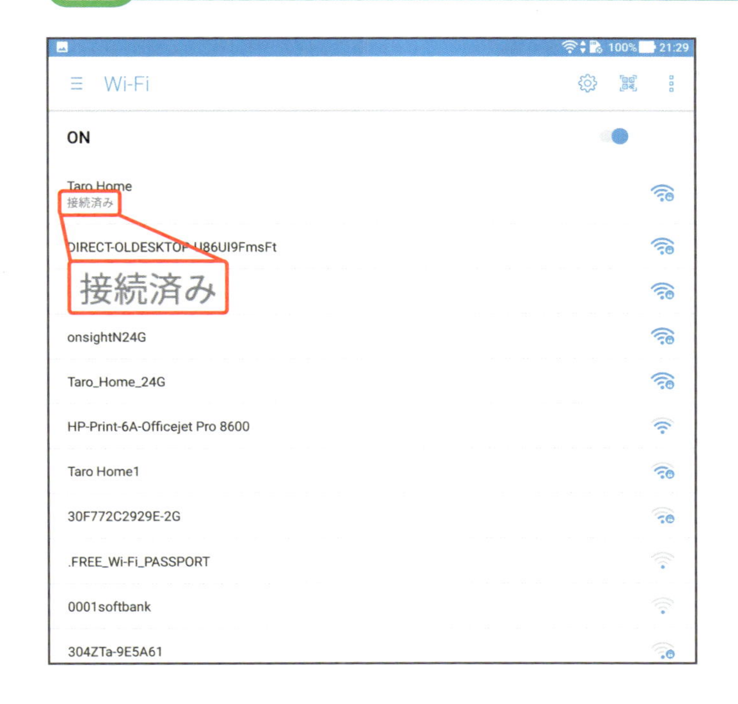

アクセスポイントに接続され、接続中のアクセスポイントに、接続済み と表示されます。

終わり

Section 07

iPhone内の写真を印刷しよう

- AirPrint
- Wi-Fiプリンター
- 印刷

AppleのAirPrint対応のWi-Fiプリンターを利用しているときは、iPhoneやiPad内の写真を直接印刷できます。ここでは、iPhoneを例にAirPrintで印刷する方法を紹介します。

1 メニューオプションを表示します

印刷したい写真などを表示し、□を**タップ**します。

ポイント

AirPrintは、特別な設定をしなくても直接プリンターに写真データなどを送ることのできる、iPhoneやiPadに搭載された機能です。2012年以降に発売されたWi-Fiプリンターの多くが対応しています。ここでは、iPhoneを例に印刷手順を説明していますが、iPadも同じ手順で印刷できます。

2 印刷に利用するプリンターを選択します

を

タップ します。

プリンタ を

タップ します。

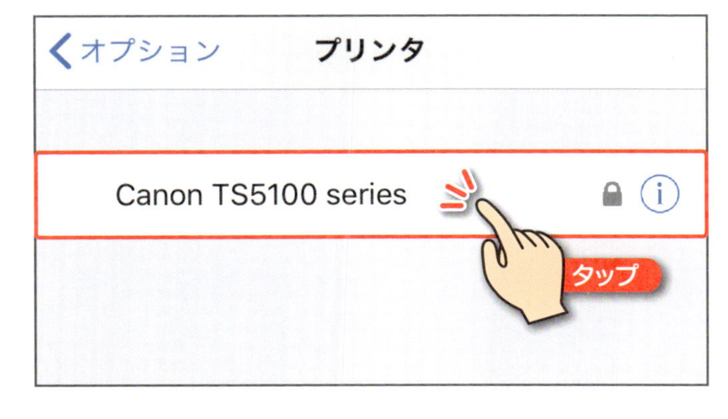

印刷に利用するプリンターを

タップ します。

3 印刷を実行します

プリント を

タップ します。

終わり

コラム オプションについて

印刷に利用するプリンターによっては、カラー印刷／白黒印刷が選択できるほか、用紙や用紙の向きなども選択できます。これらの選択は、手順3の画面で<オプション>をタップすることで行えます。

外出先で Wi-Fiを利用しよう

5

この章でできること

- Wi-Fiスポットのことがわかる
- 外出先でWi-Fiを利用する
- Wi-Fiスポットを利用する
- テザリングを利用する
- モバイルルーターを利用する

Section 01

この章でやることを知っておこう

- Wi-Fiスポット
- テザリング機能
- モバイルルーター

この章では、外出先でWi-Fiを利用する方法を紹介しています。Wi-Fiを賢く活用すると、外出先でもインターネットを楽しめます。

外出先でWi-Fiを利用する方法を知ろう

Wi-Fiを上手に活用すると、自宅にいるときと同様に**外出先でもインターネット**を楽しめます。この章では、まず、外出先でWi-Fiを利用するための**基本的な知識**を紹介します。
次に外出先でWi-Fiを利用する具体的な方法を説明します。大きく次の**3つの方法**があります。

● Wi-Fiスポットの利用

屋内外に設置されている有償または無償のWi-Fiのアクセスポイントを利用する方法です。Wi-Fiスポットは、さまざまな場所に設置されています。

Section 02 外出先でWi-Fiを利用するには 110ページ参照
Section 03 Wi-Fiスポットについて知ろう 112ページ参照
Section 04 無料のWi-Fiスポットでパソコンを利用しよう 114ページ参照

スマホのテザリング機能の利用

スマホに搭載されているインターネット接続機能をほかの機器と共有する方法です。スマホが利用できる場所ならどこでもインターネットを楽しめます。

Section 05 スマホのテザリングでインターネットを利用しよう 118ページ参照
Section 06 iPhoneのテザリングを利用しよう 120ページ参照
Section 07 Androidスマホのテザリングを利用しよう 124ページ参照

モバイルルーターの利用

外出先でもインターネットを利用できる専用の機器です。スマホ同様に電波が受信できる場所ならどこでも利用できます。

Section 08 モバイルルーターでインターネットを利用しよう 128ページ参照
Section 09 モバイルルーターにパソコンを接続しよう 130ページ参照

Section 02

外出先でWi-Fiを利用するには

- Wi-Fiスポット
- テザリング機能
- モバイルルーター

Wi-Fiを利用して外出先でインターネットを楽しむには、「Wi-Fiスポットの利用」「スマホのテザリング機能の利用」「モバイルルーターの利用」の3つの方法があります。

1 Wi-Fiスポットを利用する

Wi-Fiスポットと呼ばれるWi-Fiのアクセスポイントを利用すると、外出先でもWi-Fiでインターネットを楽しめます。Wi-Fiスポットは、駅構内や駅中、コンビニやホテルなど、**さまざまな場所**に設置されています。

Wi-Fiスポットの特徴

- 街中のさまざまな場所に設置されています。通常、以下のような場所に設置されていますが、飲食店などが独自で設置している場合もあります。

・駅または駅構内	・ファーストフード店	・ホテル
・コーヒーショップ	・コンビニ	

- 料金は、**有料**の場合と**無料**の場合があります。
- 無料のWi-Fiスポットは、通常、**利用時間の制限**があります。
- Wi-Fiスポットへの接続方法は、**提供業者によって異なります**。

2 スマホのテザリング機能を利用する

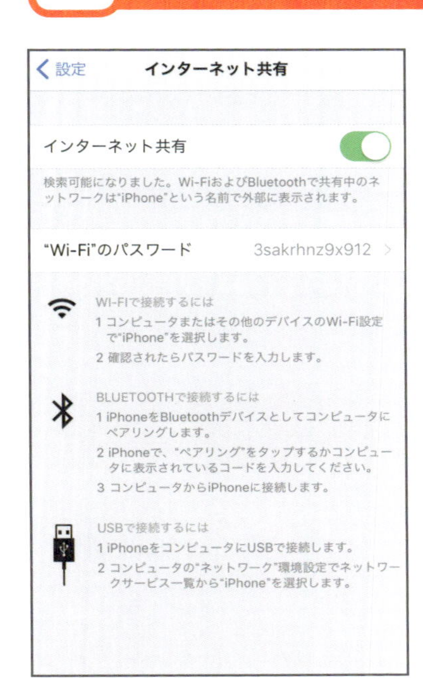

スマホに搭載されているインターネット接続機能をほかの機器と共有する機能を**テザリング機能**といいます。この機能を利用すると、パソコンなどのほかの機器も**スマホを介してインターネットが利用できる**ようになります。

3 モバイルルーターを利用する

モバイルルーターは、外出先からインターネットを利用するための携帯型の専用機器です。スマホのテザリング機能のみを搭載した機器と考えればわかりやすいでしょう。パソコンなどのほかの機器との接続は、**Wi-Fiを利用**します。

Section 03

Wi-Fiスポットについて知ろう

- Wi-Fiアクセスポイント
- 有料Wi-Fiスポット
- 無料Wi-Fiスポット

Wi-Fiスポットは、街中のさまざまな場所に設置されているインターネット接続用のWi-Fiのアクセスポイントです。Wi-Fiスポットは、有料または無料で提供されています。

1 有料のWi-Fiスポットとは

有料のWi-Fiスポットは、Wi-Fiを利用した**インターネット接続サービスを提供している事業者**が設置しています。このタイプのWi-Fiスポットは、**事前に契約**をしておく必要があったり、ワンタイムチケットなどの**利用券を事前購入**しておき、利用開始時にIDやパスワードなどの情報を入力する必要があったりします。また、**携帯電話会社**もサービスを行っています。携帯電話会社の場合は、契約中のスマホに限って無料で利用できますが、パソコンなどのほかの機器を利用するときは、有料になる場合があります。

docomo Wi-Fi	契約中のスマホ以外の機器で利用する場合は、別途、月額300円（税抜き）の契約が必要です。
au Wi-Fi	スマホの契約プランによってはパソコンなども無料で利用できます。無料対象以外の契約プランの場合は、別途、月額300円（税抜き）の契約が必要です。
ソフトバンクWi-Fiスポット（EX）	1日467円（税抜き）のプランが用意されています。
Wi2 300	月額362円（税抜き）のプランが用意されているほか、6時間、24時間、3日間、1週間などの期間限定のプランが用意されています。
ワイヤレスゲートWi-Fi	月額390円（税込み）のプランが用意されています。

2 無料のWi-Fiスポットとは

無料のWi-Fiスポットは、ホテルやコーヒーショップ、コンビニ、ファーストフード店、商業施設などに設置されています。通常、その店舗内や施設内で利用することを目的に設置されています。無料Wi-Fiスポットの利用方法は、通常、**店内（施設内）に提示**されています。また、無料のWi-Fiスポットは、**利用時間が1回当たり1時間に限定**されていたり、利用開始時に**電子メールの送受信ができる環境**が必要になったりする場合があります。電子メールを利用するタイプのWi-Fiスポットでは、スマホなどのWi-Fiを利用しなくても電子メールの送受信が行える環境が必要です。

Section 04

無料のWi-Fiスポットでパソコンを利用しよう

- 会員登録
- ゲストコード
- 有料サービス

無料のWi-Fiスポットは、主にコーヒーショップやファーストフード店、コンビニなどに設置されています。ここでは、無料のWi-Fiスポットの利用方法を説明します。

1 Wi-Fiスポットの利用方法について

街中に設置されているWi-Fiスポットは、**2種類の利用方法**に大別されます。1つは、**自宅でWi-Fiを利用**するときと同じ方法です。このタイプのWi-Fiスポットは、個人経営の飲食店などで多く採用されています。もう1つは、Wi-Fiのアクセスポイント接続後にWebブラウザーを起動すると、**専用のWebページ**が表示され、そこで**利用開始設定**を行う方法です。このタイプのWi-Fiスポットは、コーヒーショップやファーストフード店、ホテルなどに設置されています。

スターバックスコーヒーが提供している無料のWi-Fiスポットの利用開始画面。Wi-Fiスポットでは、Webブラウザーを利用した利用開始設定が必要になる場合があります。

2 無料のWi-Fiスポットの利用手順について

ファーストフード店、コンビニ、ホテルなどに設置された無料のWi-Fiスポットは、**会員登録不要で利用**できる場合と**会員登録が必要**な場合があります。
たとえば、大手コーヒーショップのスターバックスコーヒーやタリーズコーヒーでは、会員登録不要で店内のWi-Fiスポットを利用できます。一方、コンビニで提供されているWi-Fiスポットは、多くが会員登録を必要としています。会員登録は、**初回利用時**に行えるほか、パソコンなどを利用して**事前に会員登録**を行える場合があります。
また、一部の無料Wi-Fiスポットでは、利用する際に事前に取得しておいた**ゲストコード**の入力が必要になります。ゲストコードは、一度だけ利用できるパスワードのようなもので、利用前にスマホなどを使って電子メールで取得しておきます。

コンビニ	セブン-イレブン／セブンスポット	会員登録が必要。1日3回、1回当たり最大1時間利用できます。
	ローソン／LAWSON Wi-Fi	Ponta会員のみが利用できます。パソコンは利用できません。
	ファミリーマート／ファミマWi-Fi	会員登録が必要。1日3回、1回当たり最大20分利用できます。
コーヒーショップ	スターバックスコーヒー	会員登録は不要。1回当たり最大1時間利用できます。
	タリーズコーヒー	会員登録は不要。利用時間に制限はありません。
	ドトールコーヒー	会員登録は不要。ただし、電子メールを利用してゲストコードの取得が必要です。
ファーストフード店	マクドナルド	会員登録が必要。1回当たり最大1時間利用できます。
	モスバーガー	会員登録が必要。1回当たり最大1440分利用できます。
ファミリーレストラン	デニーズ	会員登録が必要。1日3回、1回当たり最大1時間利用できます（セブンスポットと同様のサービス）。

3 無料のWi-Fiスポット利用の流れ

コーヒーショップやコンビニ、ハンバーガーショップなどに設置されたWi-Fiスポットを利用するときは、最初に店内に掲示されているWi-Fiスポットの**利用説明書**を参考にアクセスポイントの**SSIDの確認**を行います。また、必要に応じて、**ゲストコードの取得**も行っておきます。
次にWi-Fiスポットの**アクセスポイントに接続**します。アクセスポイントに接続したら、**Webブラウザー**を起動して適当なWebページを開くと、自動的に接続開始設定用のWebページが表示されるので、**接続開始設定**を行います。

①Wi-Fiスポットで必要な情報を確認

ゲストコードの確認も！

②アクセスポイントに接続

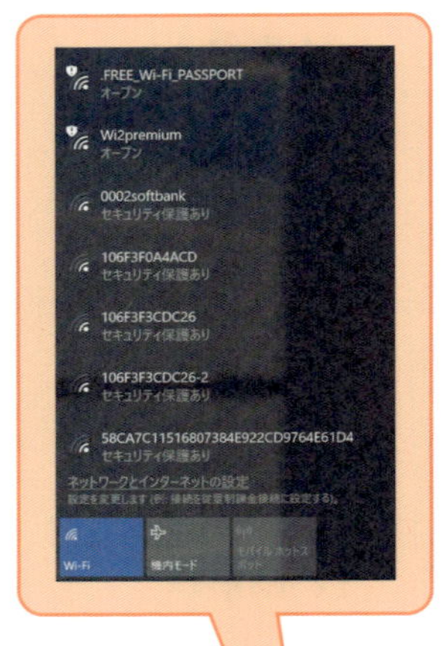

③利用開始の設定

4 携帯電話会社のWi-Fiスポットの利用の流れ

携帯電話会社の設置したWi-Fiスポットでパソコンを利用する場合は、通常、**有料サービスを契約**する必要があります。また、その利用方法は、無料のWi-Fiスポットを利用するときとほぼ同じですが、Webブラウザーを利用した接続開始設定時に、**ユーザー名**や**パスワード**などを入力する必要があります。
接続開始設定に必要なユーザー名やパスワード、携帯電話会社のWi-FiスポットのアクセスポイントのSSIDや**ネットワークセキュリティキー**は、My docomoやau ID、My SoftBankなど**携帯電話会社が提供しているユーザーアカウントサービス**で確認できます。

携帯電話会社	サービス名	利用方法
docomo	docomo Wi-Fi 月額300円プラン	月額料金300円（税抜き）。docomoのスマホを利用していない場合でも契約できます。Wi-Fiスポットのアクセスポイントに接続するために必要な情報は、My docomoで確認できます。
au	Wi2 300 for auマルチデバイスサービス	月額300円（税抜き）。auと契約しているスマホのデータプランによっては無料で利用できます。ただし、無料の場合も、Wi2 300 for auマルチデバイスサービスの契約を行う必要があります。
ソフトバンク	ソフトバンクWi-Fiスポット（EX）	467円（税抜き）／1日。ソフトバンクのスマホを利用していない場合でも利用できます。利用は1日単位のみで、利用開始時に料金を支払います。

Section 05

スマホのテザリングでインターネットを利用しよう

- 共有機能
- テザリング
- 携帯電話会社

iPhoneやAndroidスマホには、テザリングと呼ばれるインターネット接続共有機能が搭載されています。ここでは、テザリングについて紹介します。

1 テザリングとは?

iPhoneやAndroidスマホには、携帯電話会社を通じてインターネットを利用する機能が搭載されています。この機能をスマホ搭載のWi-Fiなどを利用して、パソコンなどのほかの機器と共有する機能を**テザリング**といいます。

2 テザリングを利用するには？

テザリング機能は、通常、有料の**オプションプラン**として提供されています。テザリング機能を利用したいときは、あらかじめ携帯電話会社と**テザリング機能の利用契約**を結んでおいてください。なお、スマホの契約プランによっては、テザリング機能を無料で利用できる場合があります。

テザリング機能を利用して、パソコンとインターネット接続を共有するときは、最初に**スマホのテザリング機能を有効**に設定し、次に**パソコンをWi-Fiでスマホに接続**します。

①スマホのテザリング機能をオンに設定

スマホ

②Wi-Fiでスマホに接続

パソコン

Section 06

iPhoneのテザリングを利用しよう

- インターネット共有
- SSID
- パスワード

ここでは、iPhoneでテザリング機能を使ってインターネット接続を共有する方法を説明します。最初にiPhoneでテザリング機能を有効にし、次にパソコンを接続します。

1 「インターネット共有」画面を表示します

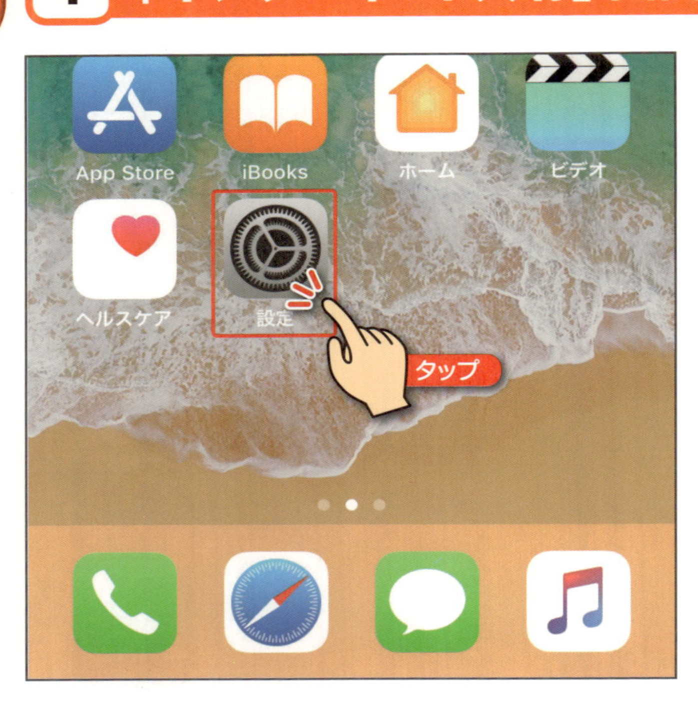

iPhoneのホーム画面で  をタップします。

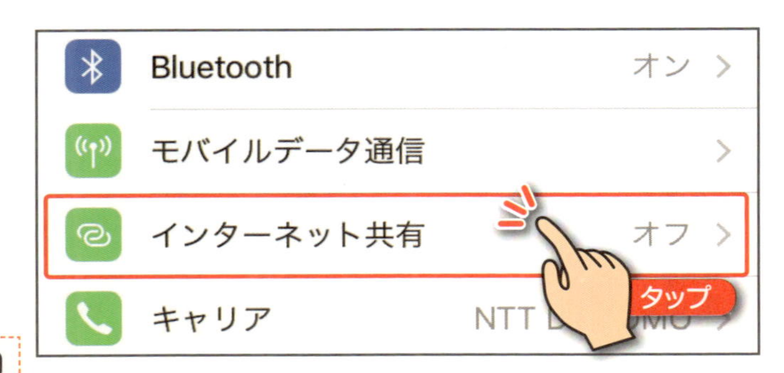

インターネット共有 をタップします。

2 インターネット共有をオンに設定します

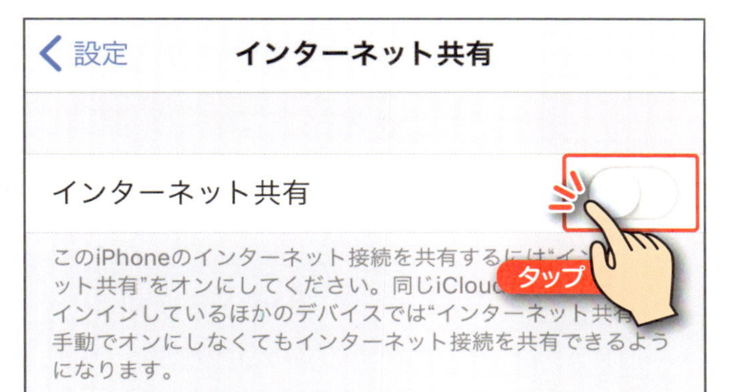

を

タップ すると、

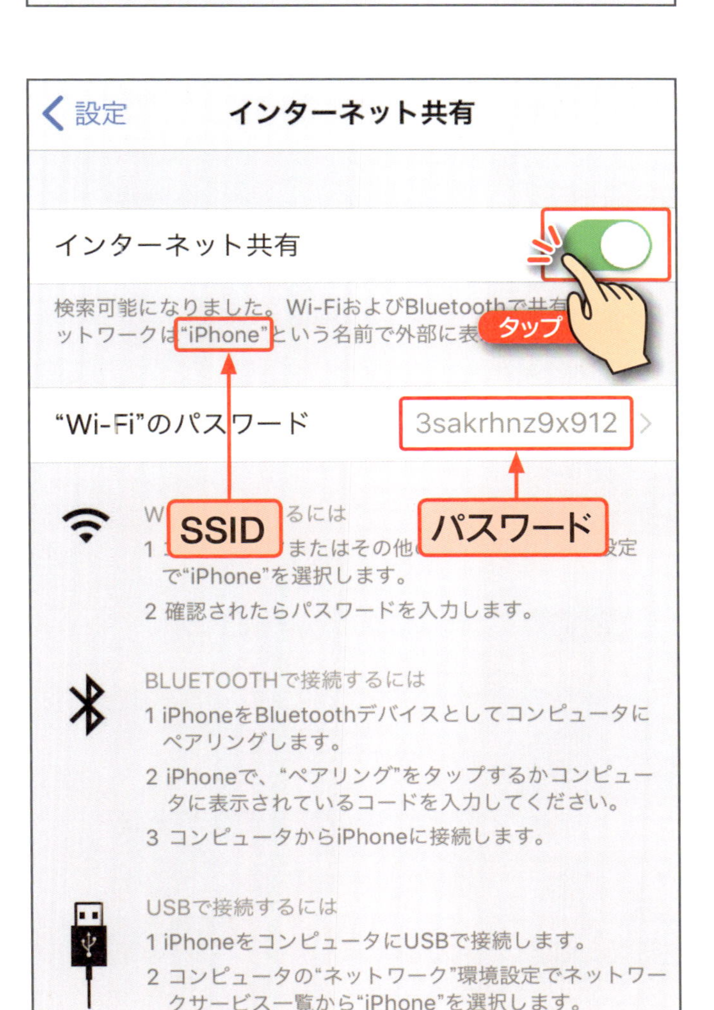

になり、

インターネット共有がオンになります。

パソコンの接続に利用するSSIDとパスワードを確認します。
続いてパソコンで操作を行います。

次へ

3 パソコンをiPhoneに接続します

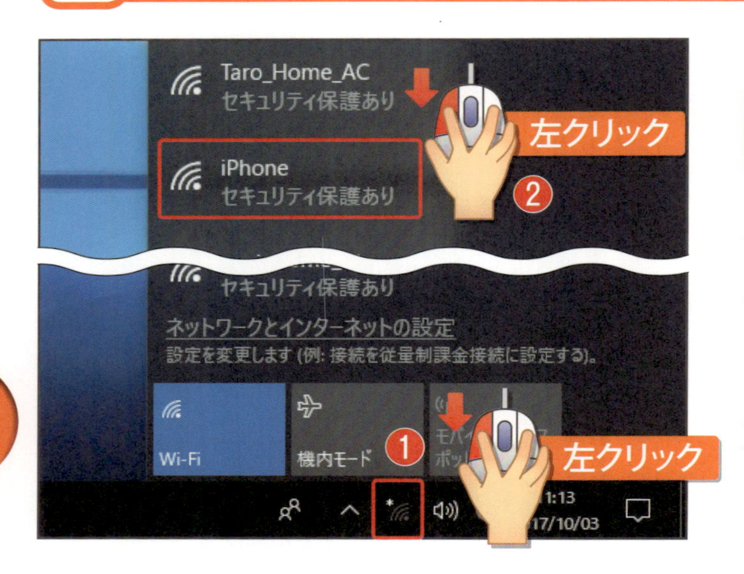

パソコンの画面でを

左クリックし、

手順2で確認した

iPhoneのSSIDを

左クリック

します。

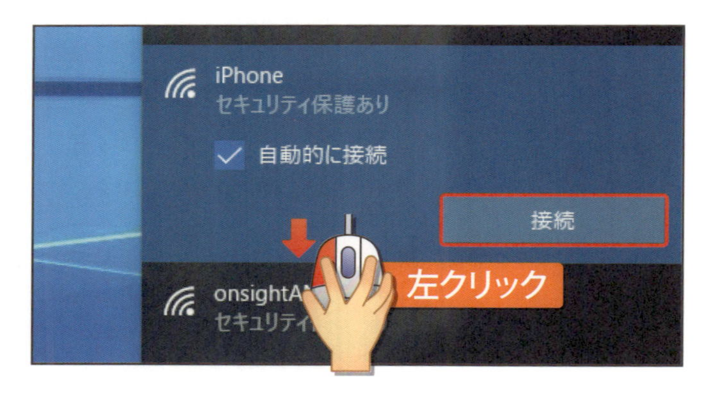

接続を

左クリック

します。

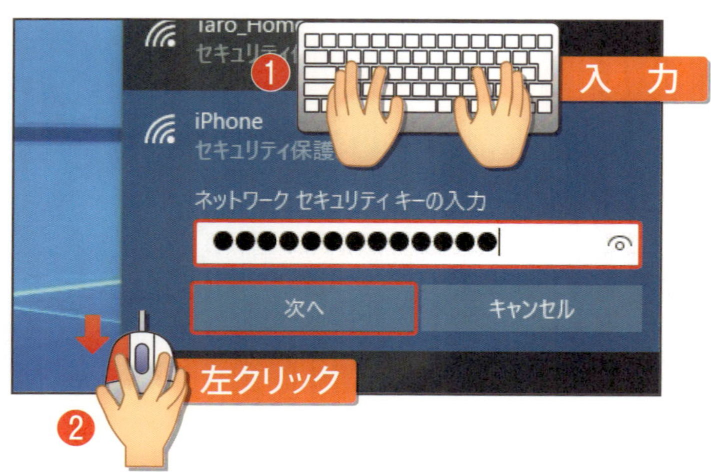

手順2で確認した

パスワードを

入力し、

次へを

左クリック

します。

4 iPhoneへの接続が完了します

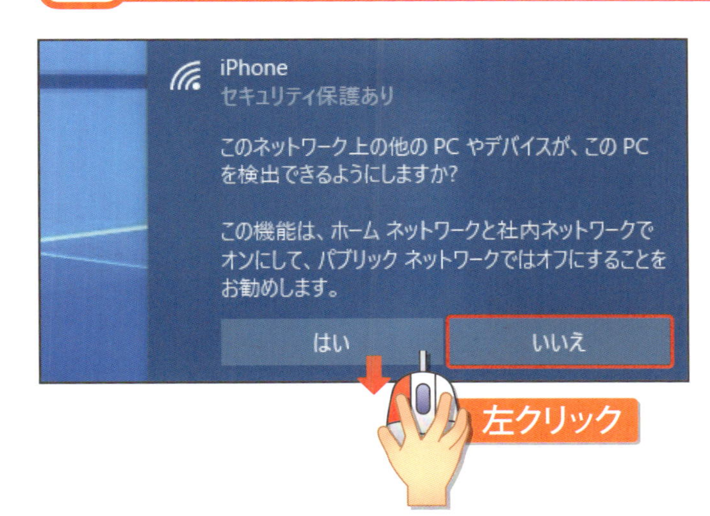

この画面が表示されたら、 いいえ を 左クリック します。

接続済み と表示されたら、iPhoneへの接続は完了です。

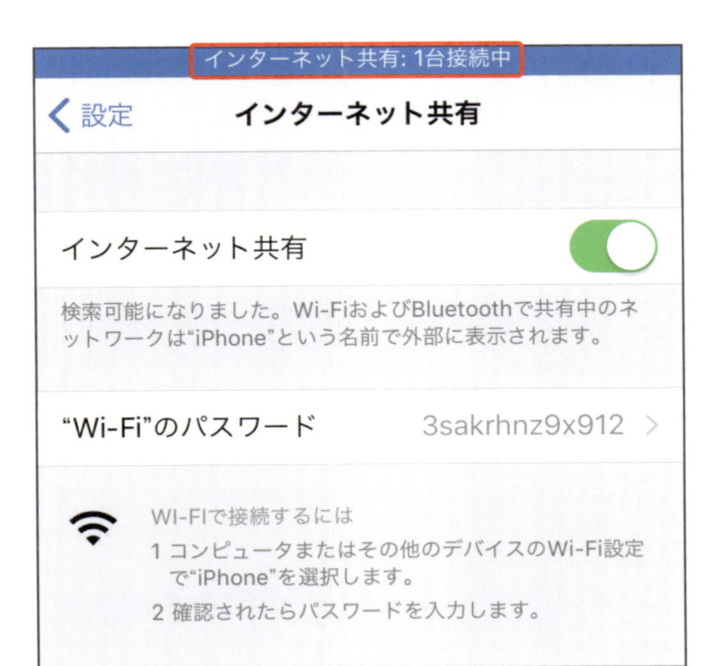

iPhoneの画面にも インターネット共有: 1台接続中 と表示されます。パソコンでインターネットが利用できます。

ポイント

テザリング機能の利用を停止するときは、この画面で（オン）をタップして、（オフ）にします。

終わり

外出先編

Section

07 Androidスマホのテザリングを利用しよう

- アクセスポイントとテザリング
- SSID
- パスワード

ここでは、Androidスマホでインターネット接続を共有する方法を説明します。最初にAndroidスマホでテザリング機能を有効にし、次にパソコンを接続します。

1 「設定」画面を表示します

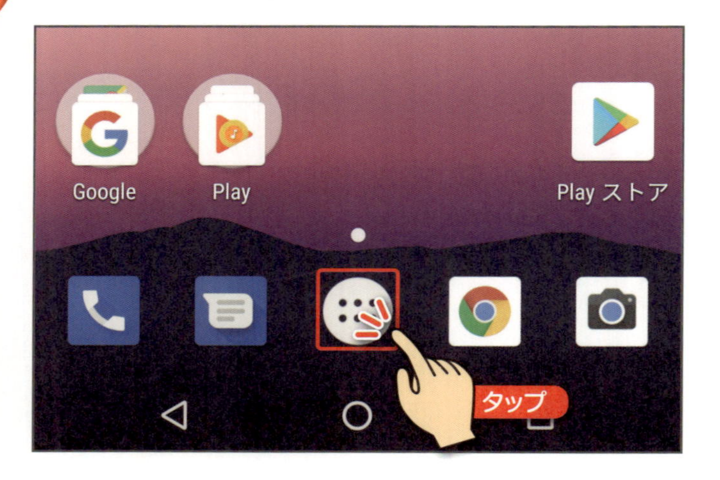

Androidスマホのホーム画面でをタップします。

をタップします。

2 テザリング機能をオンに設定します

をタップしします。

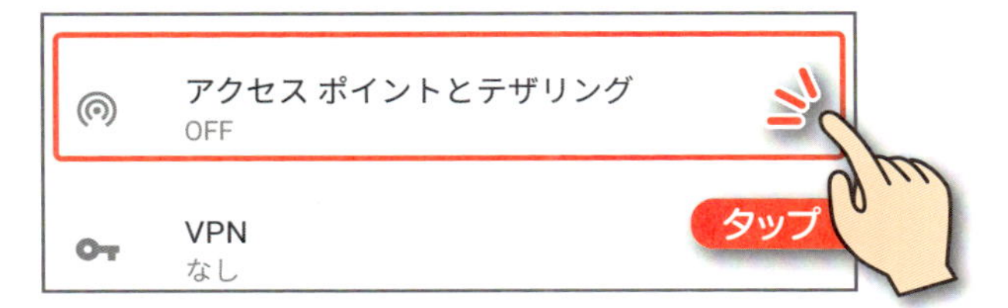

アクセス ポイントとテザリング OFF をタップします。

をタップして、にして、

をタップします。

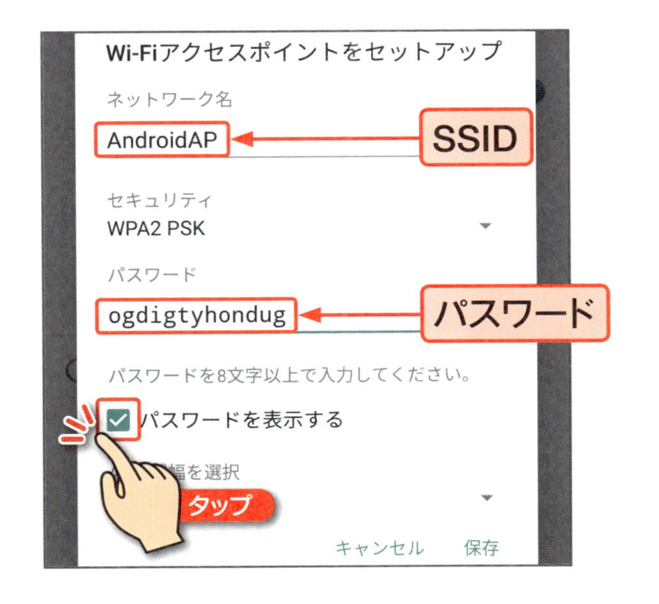

ネットワーク名でSSIDを確認できます。

をタップして、にすると、パスワードを確認できます。続いてパソコンで操作を行います。

次へ

3 パソコンをAndroidスマホに接続します

パソコンの画面で を左クリックし、手順2で確認したAndroidスマホのSSIDを左クリックします。

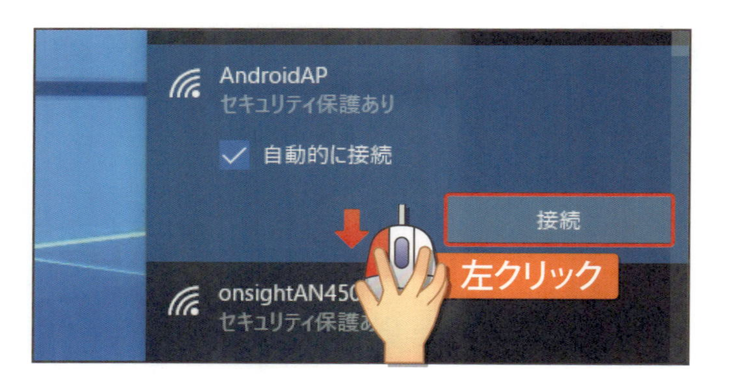

接続 を左クリックします。

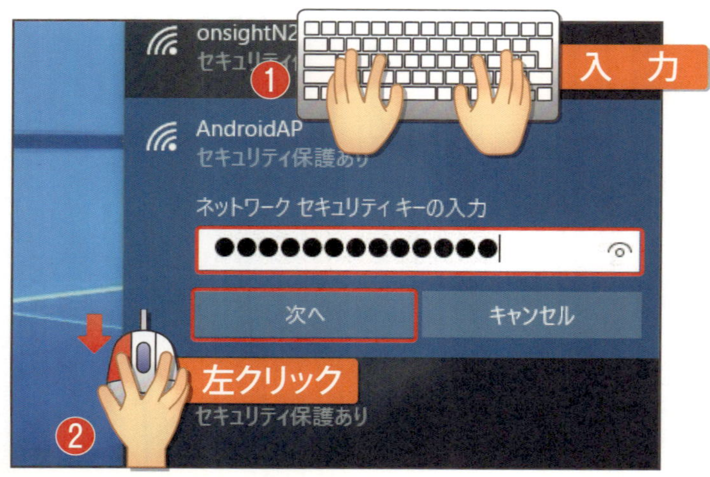

手順2で確認したパスワードを入力し、次へ を左クリックします。

4 Androidスマホへの接続が完了します

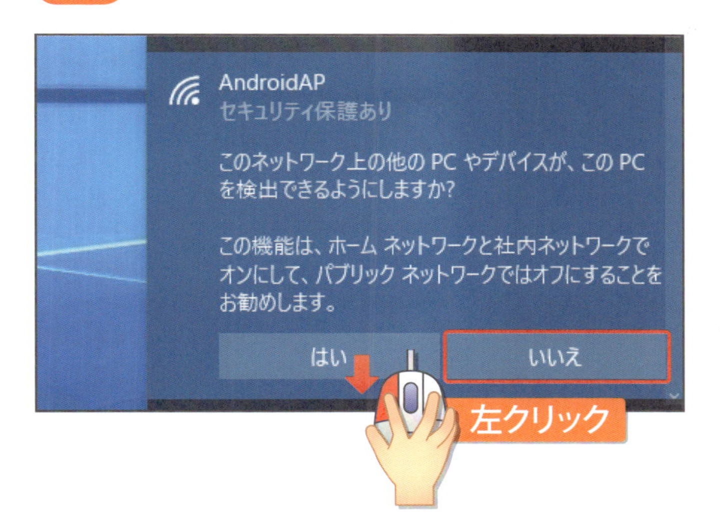

この画面が表示されたら、

いいえ を

左クリック 

します。

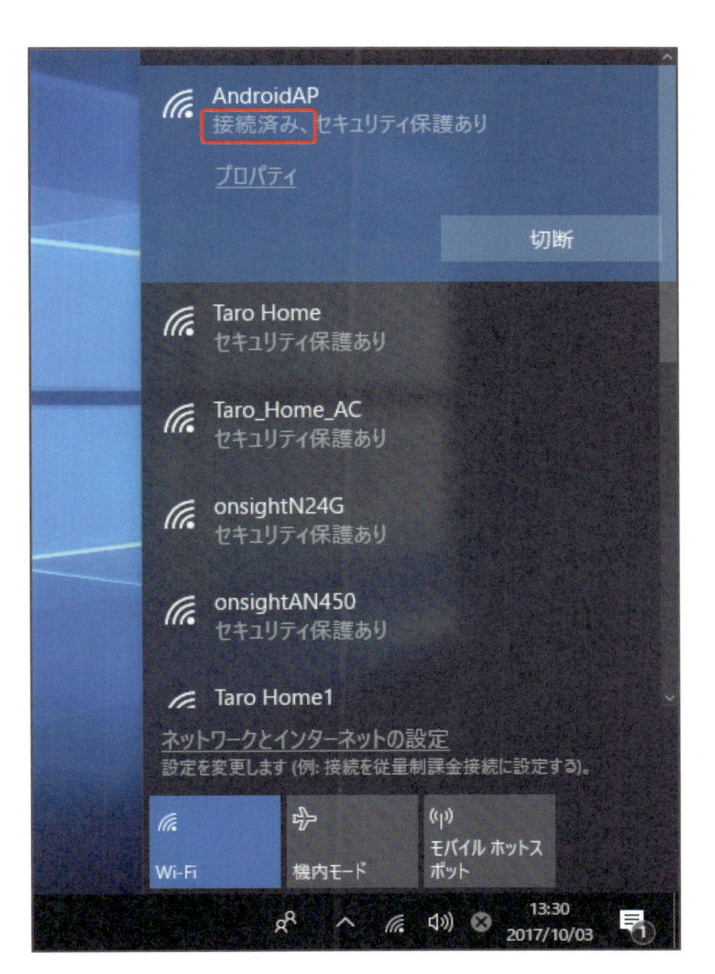

接続済み と

表示されたら、

Androidスマホへの接続は完了です。

パソコンでインターネットが利用できます。

ポイント

テザリング機能の利用を停止するときは、手順②の画面で をタップして、 にします。

終わり

Section 08

モバイルルーターでインターネットを利用しよう

- モバイルルーター
- 携帯電話会社
- 家電量販店

モバイルルーターは、携帯型のインターネット接続専用の機器です。ここでは、モバイルルーターでインターネットを利用する方法を説明します。

1 モバイルルーターとは?

モバイルルーターは、携帯電話会社などの**通信事業者の通信回線を利用**してインターネットを利用できる専用の携帯機器です。インターネットの接続には通信回線が利用され、パソコンなどの機器との接続には、通常、Wi-Fiを利用します。モバイルルーターは、スマホのテザリング機能のみが利用できるように設計された機器と考えることもできます。

2 モバイルルーターを利用するには？

モバイルルーターは、ドコモやau、ソフトバンクなどの**携帯電話会社で機器の購入**および**契約**を行えます。ほかにも、**格安SIMを提供している通信事業者**でも機器の購入および契約を行えます。

家電量販店で機器を購入して、同時に利用する**通信回線の申し込み**を行うこともできます。また、モバイルルーターは、自宅で利用する**Wi-Fiルーターと同等の機能**を搭載しています。これによって、自宅に設置されたWi-Fiのアクセスポイントに接続するときと同じ方法でパソコンなどを利用できます。

NECが販売しているモバイルルーター「Aterm MR05LN」。利用には、携帯電話会社などの通信事業者との契約が必要です。

Section 09

モバイルルーターにパソコンを接続しよう

- 簡単無線設定
- かんたん設定
- SSID

ここでは、NEC製のモバイルルーター「Aterm MR04LN」を例にモバイルルーターにパソコンを接続する方法を説明します。接続は、簡単無線設定機能を利用して行います。

1 「簡単無線設定」画面を表示します

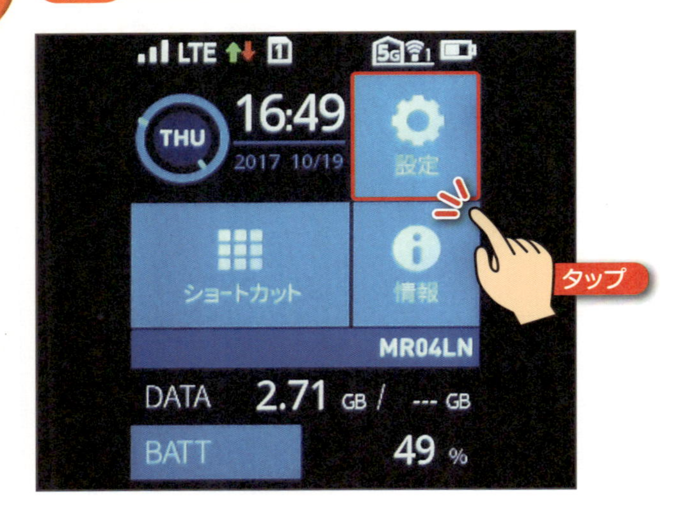

モバイルルーターの  を タップ します。

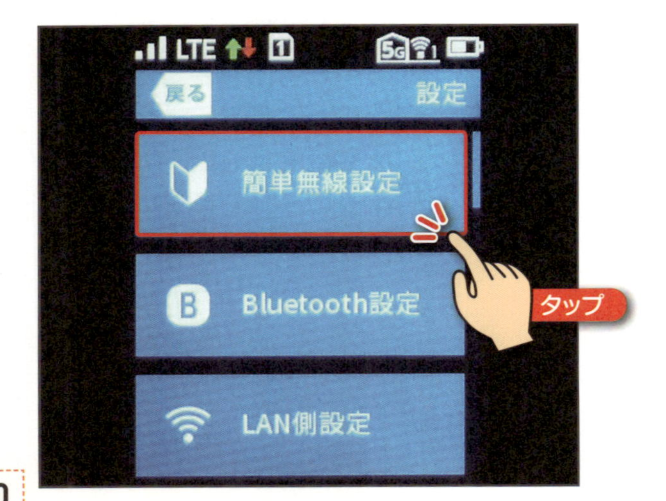

 を タップ します。

2 かんたん設定の準備を行います

WPS を

タップ します。

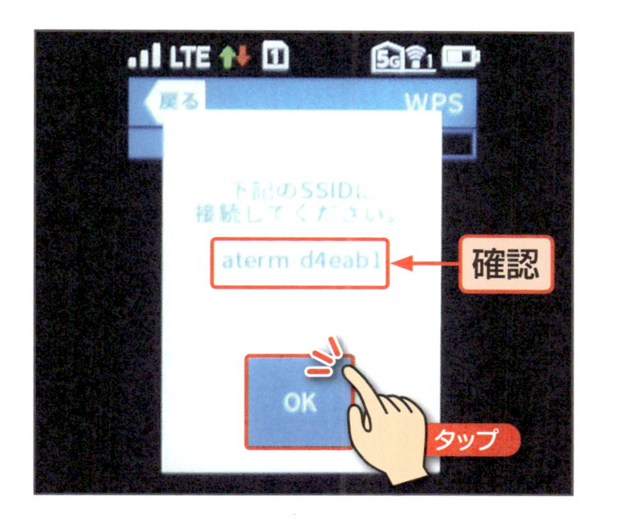

モバイルルーターのSSIDが表示されます。SSIDを確認し、

を

タップ します。

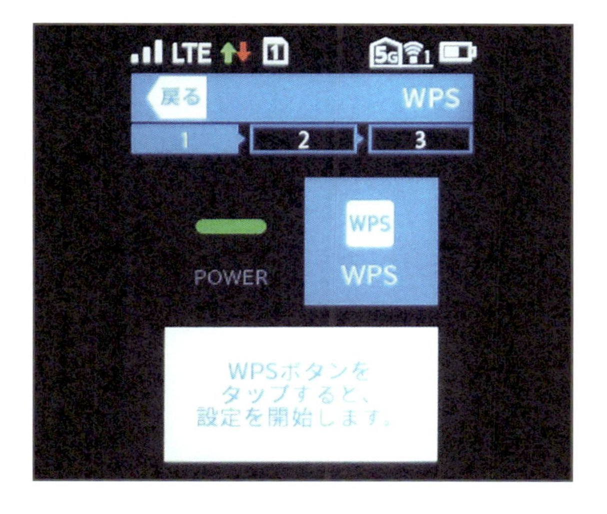

かんたん設定の準備は完了です。
続いてパソコンで操作を行います。

次へ

3 モバイルルーターにパソコンを接続します

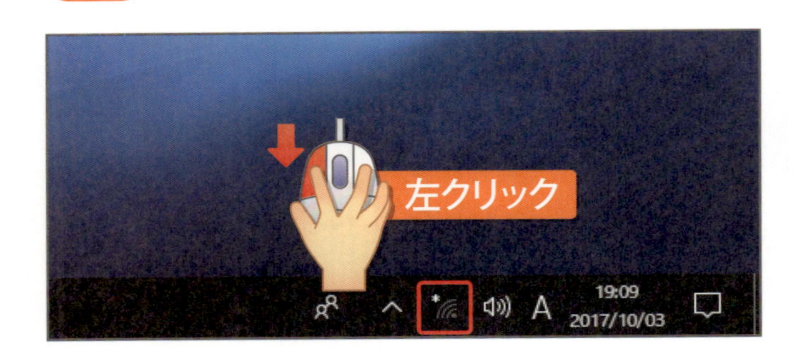

パソコンの画面で
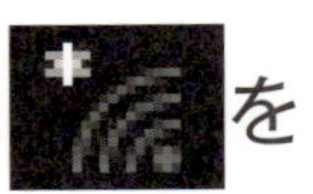
を
左クリック

します。

手順2で表示されていたSSIDを
左クリック
します。

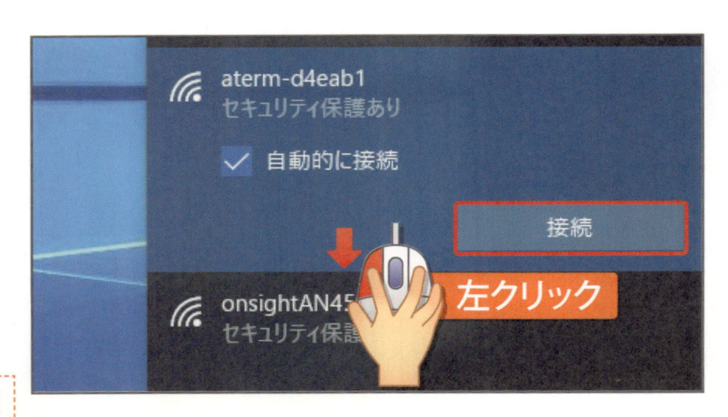

接続 を
左クリック
します。

4 かんたん設定を行います

この画面が表示されたら、
モバイルルーターの操作を行います。

モバイルルーターの 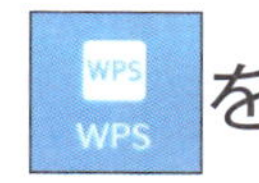 を **タップ** します。

かんたん設定が実行されます。

次へ

5 設定が完了します

設定が完了するとこの画面が表示されます。

を

タップします。

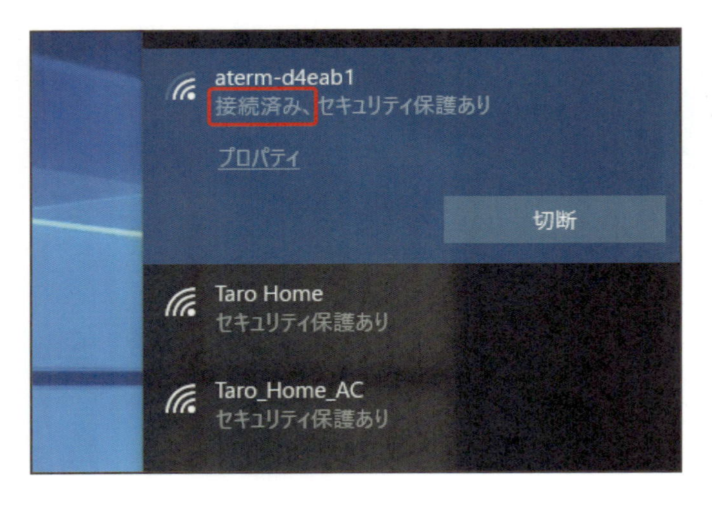

パソコンには 接続済み と表示されます。
パソコンでインターネットが利用できます。

終わり

コラム 手動で設定を行うには?

モバイルルーターに手動で接続するときは、自宅のWi-Fiのアクセスポイントに接続するときと同じ手順で行えます。また、タッチパネル搭載のモバイルルーターなら、タッチ操作でネットワークセキュリティキー(パスワード)の確認を行えます。

トラブル解決編

困ったときのQ&A

この章でできること

- Wi-Fi環境を広げる
- 通信状態を良好にする
- セキュリティを高める
- Wi-Fi非対応機器を接続する
- 通信不調の解決法がわかる

Q 自宅のWi-Fiの電波が弱いときの対策は?

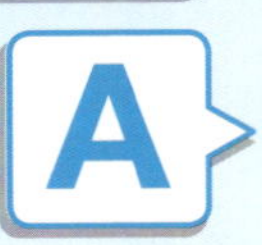

中継機を設置することで、電波到達範囲を拡大できます。

1 中継機とは?

中継機は、Wi-Fiの電波を途中で受け取り、**電波の到達範囲を広げる機器**です。2つのアンテナを利用し、一方のアンテナでWi-Fiルーターとの通信を行い、もう一方のアンテナでパソコンなどのほかの機器との通信を行うというしくみで、電波の到達範囲を広げます。同じ建物内で利用しているのに電波が弱く、Wi-Fiの速度が安定しないときは、中継機を設置することで**電波を安定**させることができます。

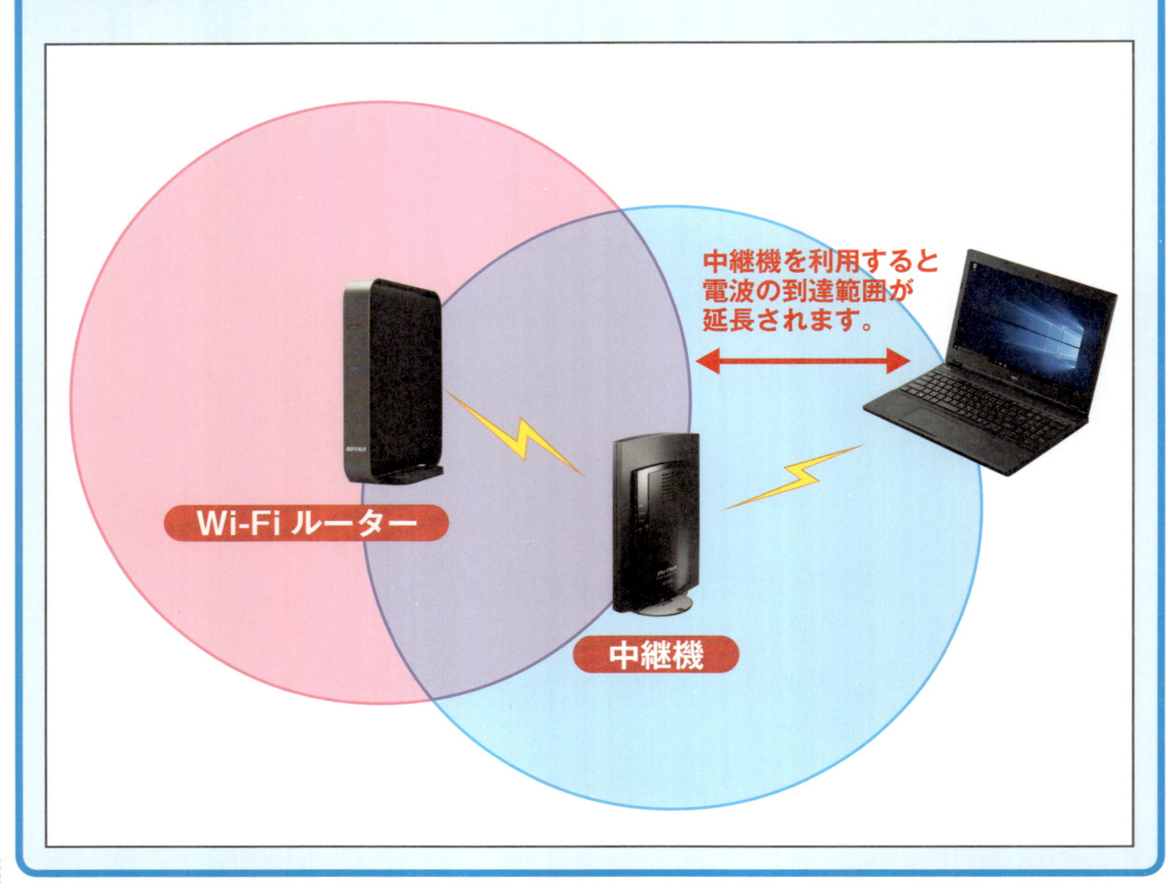

2 中継機購入時のポイント

中継機は、**専用の製品が販売**されているほか、Wi-Fiルーターに**中継機能が備わっている**場合があります。中継機能を備えたWi-Fiルーターは、**動作モード**をルーターモードから**中継機モードに変更**することで中継機として利用できます。なお、中継機は、一部の旧型製品では他社製のWi-Fiルーターやアクセスポイントへの接続をサポートしていない製品があります。現在販売されている中継機は、他社製の機器との接続にも対応した製品が主流ですが、トラブルを減らすためにもWi-Fiルーターと同じメーカーの中継機を購入することをおすすめします。

写真は、バッファローの販売している中継機「WEX-1166DHP」。

写真は、バッファローの販売している中継機能搭載のWi-Fiルーター「WSR-1166DHP3」。動作モードを切り替えることで中継機としても利用できます。

3 中継機を設置する

中継機の設置は、通常、**Wi-Fiルーターへの接続設定を行うだけで完了**です。この設定は、パソコンを利用しなくても中継機に搭載された「WPS」ボタンや「AOSS」ボタンなどのかんたん設定ボタンを押すことで行えます。
なお、Wi-Fiルーターを中継機として利用する場合のみ、事前に**動作モードを変更**しておく必要があります。

● Wi-Fiルーターの動作モードの変更方法

Wi-Fiルーターの動作モードの変更は、通常、Wi-Fiルーターに搭載されている動作モードの物理スイッチを**中継機用のモードに切り替える**ことで行います。動作モードの変更は、**Wi-Fiルーターの電源をオフにした状態**で行います。
なお、Wi-Fiルーターの動作モードの変更方法は、機器によって異なります。取り扱い説明書などを参考に動作モードの変更方法を確認してから作業してください。

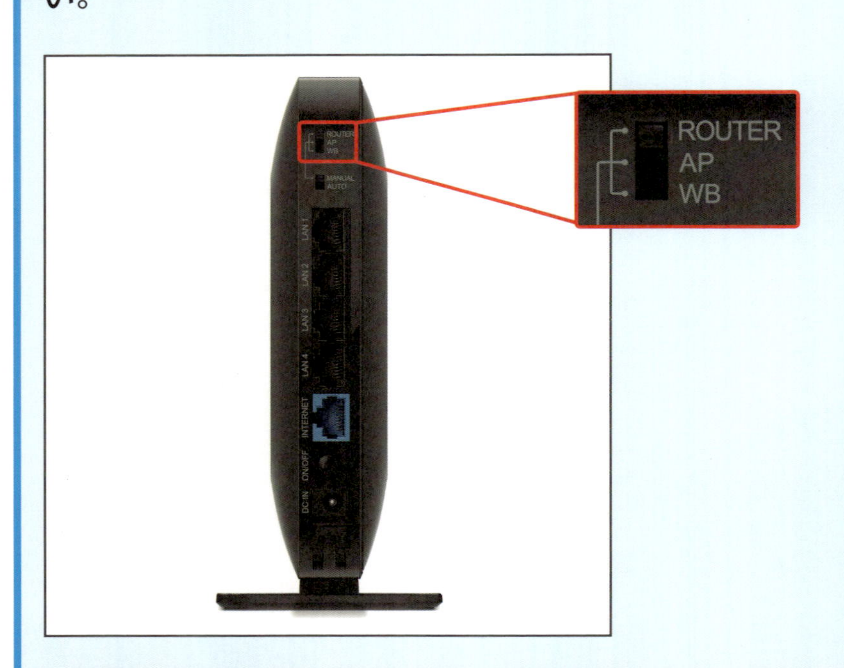

Wi-Fiルーターを中継機として利用するときは、物理スイッチを「中継機用のモード」に設定します。バッファローのWSR-1166DHP3では、物理スイッチを「WB」に設定します。

4 中継機設置の流れ

中継機の設置は、最初に中継機に搭載された**かんたん設定ボタンを長押し**して、中継機を設定状態にします。次にWi-Fiルーターの**かんたん設定ボタンを押し**ます。かんたん設定ボタンを押す時間は、利用している機器によって異なります。設定前にWi-Fiルーターや中継機の取り扱い説明書で確認してから作業を行ってください。
なお、中継機能を備えたWi-Fiルーターを中継機として利用するときは、**動作モードを変更**してから設置作業を行ってください。

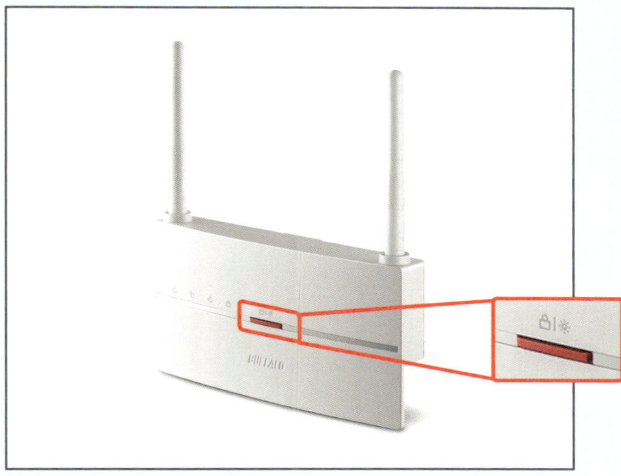

1

中継機のかんたん設定ボタンを長押しして、設定状態にします。

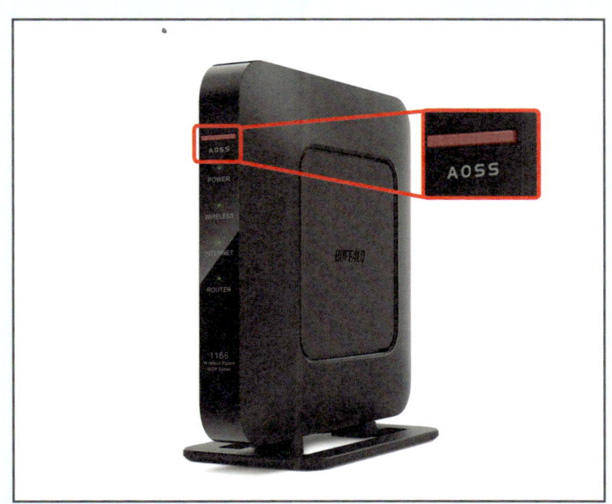

2

Wi-Fiルーターのかんたん設定ボタンを長押しして、設定状態にすると自動で接続設定が行われます。

Q Wi-Fi機能を搭載していない場合は?

Wi-Fi子機を利用することで、Wi-Fi機能を備えていない機器もWi-Fiルーターに接続できます。

1 Wi-Fi子機とは?

Wi-Fi子機とは、Wi-Fi機能を備えていない機器で**Wi-Fi機能を利用するための機器の総称**です。パソコンの**USBポートに接続して利用する製品**とパソコンやレコーダー、テレビなどが備えているLANケーブル接続用の**LAN端子に接続して利用する製品**に大別されます。それぞれ、以下のような特徴があります。

●USBポートに接続する製品

USBポートに接続する製品は、**Wi-Fiアダプター**と呼ばれています。主にWi-Fiを備えていないパソコンでWi-Fiを利用できるようにすることを目的とした機器です。また、一部の製品では、特定のテレビやレコーダーなどでも利用できますが、このタイプの製品は、多くありません。

USB接続のWi-Fiアダプター「WI-U3-866DS(左)」と「WI-U2-433DMS(右)」。スティック状の製品と親指大の小型の製品があります。

USB接続のWi-Fiアダプターは、通常、パソコンのUSBポートに接続して利用します。

LAN端子に接続する製品

LAN端子に接続する製品は、**Wi-Fiイーサネットコンバーター**や**LAN端子用アダプター**、**イーサネット子機**などと呼ばれています。
これらの製品は、LAN端子を備えた機器ならどのような機器でも利用できます。Wi-Fiイーサネットコンバーターの中には、複数のLAN端子を備え、2台以上の機器を接続できる製品も販売されています。
また、Wi-Fiルーターの中には、動作モードを変更することでWi-Fiイーサネットコンバーターとしても利用できる製品が販売されています。

NECプラットフォームズが販売している据え置き型のWi-Fiイーサネットコンバーター「WL300NE-AG」。テレビやレコーダーのLAN端子と本製品をLANケーブルで接続して利用します。最大2台の機器を接続できます。

NECプラットフォームズが販売しているWi-Fiルーター「WG2600HP2」は、動作モードを変更することでWi-Fiイーサネットコンバーターとしても利用できます。テレビやレコーダーのLAN端子と本製品をLANケーブルで接続して利用します。

2 パソコン用のWi-Fiアダプターを利用する

パソコン用のWi-Fiアダプターは、通常、機器をパソコンに接続し、次に**デバイスドライバー**と呼ばれるソフトウェアをインストールすることで利用できます。

①Wi-Fiアダプターを接続

②デバイスドライバーのインストール

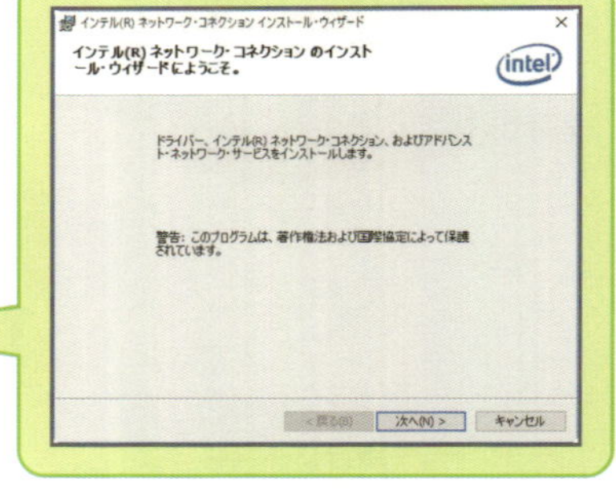

③Wi-Fiに接続（37ページ参照）

3 Wi-Fiイーサネットコンバーターを利用する

Wi-Fiイーサネットコンバーターの利用は、Wi-Fi機能を搭載していない製品とWi-FiイーサネットコンバーターをLANケーブル接続します。続いて、通常は、**Wi-Fiルーターへの接続設定を行うだけで完了**します。Wi-Fiルーターへの接続設定は、**「WPS」ボタン**や**「AOSS」ボタン**などのかんたん設定ボタンを押します。押す時間は、利用している機器によって異なります。設定を開始する前にWi-FiルーターやWi-Fiイーサネットコンバーターの取り扱い説明書で確認しておいてください。

1

Wi-Fiイーサネットコンバーターのかんたん設定ボタンを長押しして、設定状態にします。

2

Wi-Fiルーターのかんたん設定ボタンを長押しして、設定状態にすると自動で接続設定が行われます。

自宅のWi-Fiのセキュリティを向上させるには?

A Wi-Fiルーター搭載のセキュリティ機能を活用することでセキュリティを向上できます。

1 セキュリティ対策がなぜ必要か

Wi-Fiでは、機器どうしが誰でも受信できる電波によって通信を行っています。このため、セキュリティ対策を行わないと、**データ漏えいのリスクが高く**なります。
たとえば、Wi-Fiでは、「暗号化」によって通信内容を第三者にわからないように秘匿していますが、これは、暗号化を行わないと**通信内容をかんたんに覗き見る**ことができるだけでなく、Wi-Fiのアクセスポイントに接続して**インターネットなどを勝手に利用できてしまう**ためです。

第6章 困ったときのQ&A

2 セキュリティ向上のために必要な機能

Wi-Fiでは、暗号化によってWi-Fiのアクセスポイントとクライアント(パソコンなどの接続機器)との間でやり取りしている情報を第三者が読み出せないように守っています。
また、暗号化が設定されているWi-Fiでは、正しいネットワークセキュリティキー(パスワード)を入力しないと、Wi-Fiのアクセスポイントに接続できません。つまり、暗号化を行うことで、第三者が勝手に自宅に設置したWi-Fiを利用していたというも防ぐことができます。
また、Wi-Fiには、MACアドレスフィルタリングやSSIDの隠蔽、マルチSSIDなどのプラスアルファのセキュリティ機能も用意されています。Wi-Fiでは、暗号化機能に加えて、これらの機能を併用することでさらにセキュリティを高めることができます。

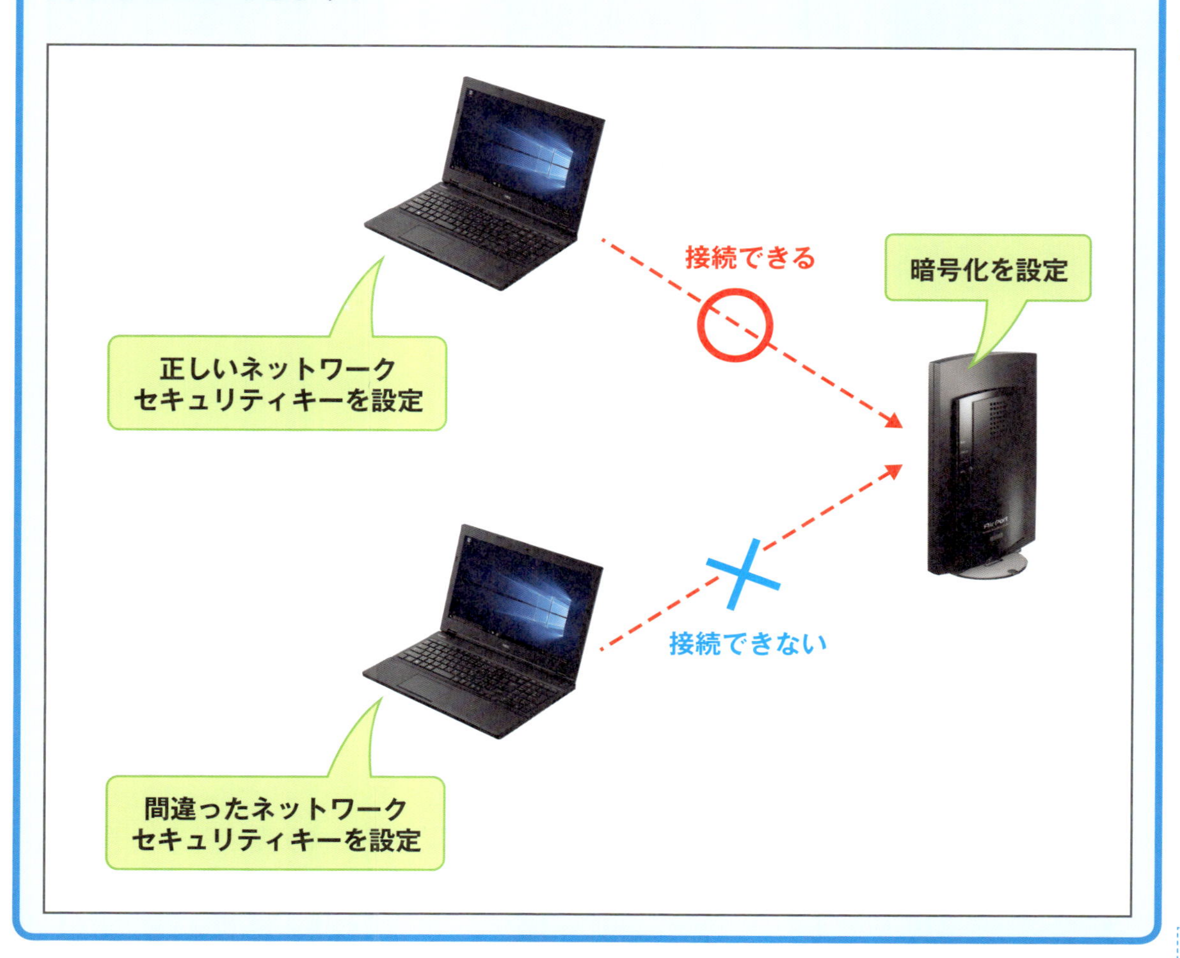

3 暗号化でセキュリティを確保するには

現在のWi-Fiルーターは、もっともセキュリティが高い方式の暗号化が設定された状態で販売されています。ただし、現在のWi-Fiルーターは、暗号化の要となる**ネットワークセキュリティキー**を**Wi-Fiルーター本体に記載**しているケースが一般的です。
ネットワークセキュリティキーは、事前共有キーやWPA暗号化キーとも呼ばれ、Wi-Fiルーター（アクセスポイント）に接続するための**パスワード**に相当する重要な情報です。これがかんたんに知り得る状態となっていることは、好ましくありません。セキュリティを高めたいときは、ネットワークセキュリティキーを初期状態とは別のものに変更し、**マルチSSID**を設定して友人などゲスト専用のSSIDを用意しておくことをおすすめします（149ページ参照）。

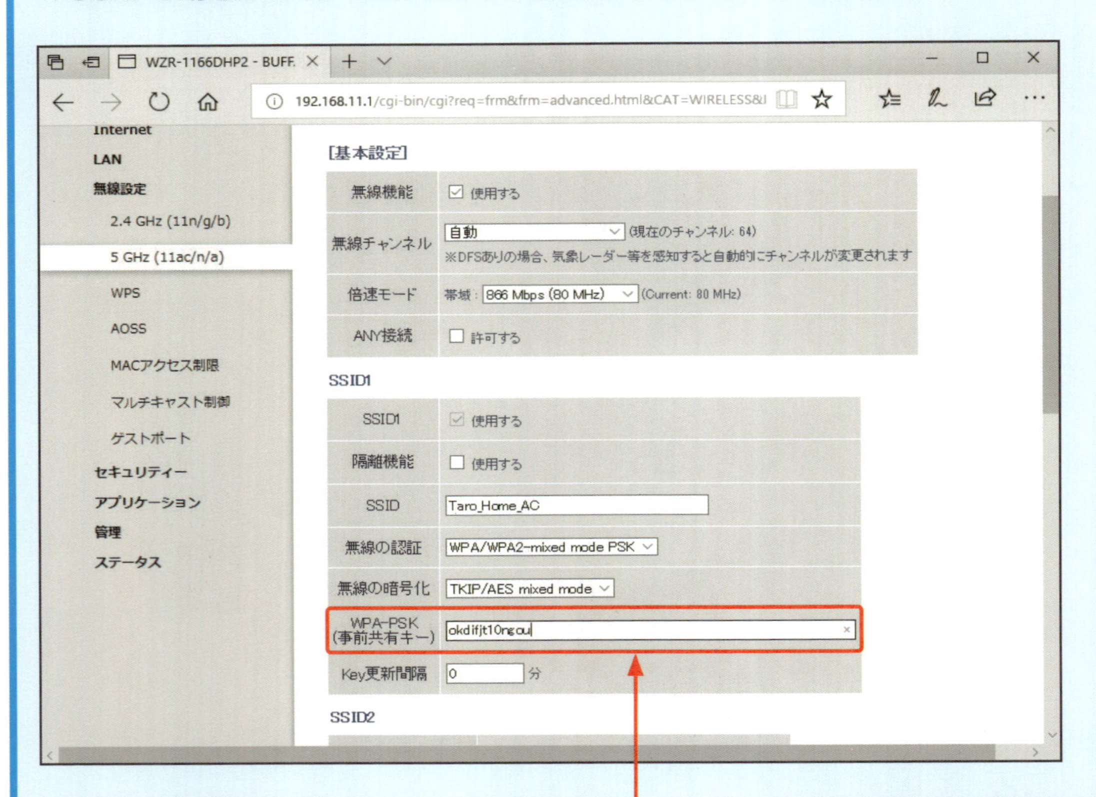

ルーターの設定で事前共有キー（ネットワークセキュリティキー）を変更しておくのがおすすめです。画面は、バッファローのWi-Fiルーター「WZR-1166DHP2」の設定画面。

4 MACアドレスフィルタリングで不正アクセスを防ぐには

MACアドレスフィルタリングは、**MACアドレス（物理アドレス）**と呼ばれる**機器固有の識別情報**を利用した接続制御機能です。パソコンやスマホなど、Wi-Fi機器には、必ず、MACアドレスが割り当てられています。MACアドレスフィルタリングを利用すると、Wi-Fiルーターやアクセスポイントに登録されている**MACアドレスの機器のみがWi-Fiルーターやアクセスポイントに接続できる**ようになります。非登録のMACアドレスの機器は、接続を拒否されWi-Fiルーターやアクセスポイントに接続できなくなります。これによって、第三者の不正アクセスを行いにくくできます。MACアドレスフィルタリングは、通常、**無効に設定**されています。この機能を利用するときは、Wi-Fiルーターの取り扱い説明書を参考に設定を行ってください。

5 SSIDの隠蔽を利用するには?

SSIDの隠蔽は、Wi-Fiのネットワークの名称（識別情報）として利用されている「SSID」を、**ほかの機器から見えないようにする機能**です。SSIDの隠蔽は、**SSIDステルス**や**ESSIDステルス**、**ANY接続拒否**などとも呼ばれます。SSIDの隠蔽を設定すると、Wi-Fiの接続先リストを表示したときにネットワークの名称が表示されなくなります。これによって、SSIDを知っているユーザーのみがそのWi-Fiを利用できるようになり、セキュリティを向上できます。
なお、Windowsでは、SSIDの隠蔽が設定されているWi-Fiを**「非公開のネットワーク」**としてリストに表示します。iPhoneやiPad、Androidのスマホやタブレットでは、何も表示されなくなります。

● SSIDの隠蔽設定前の状態

「Taro_Home_AC」というSSIDが表示されています。

● SSIDの隠蔽設定後の状態

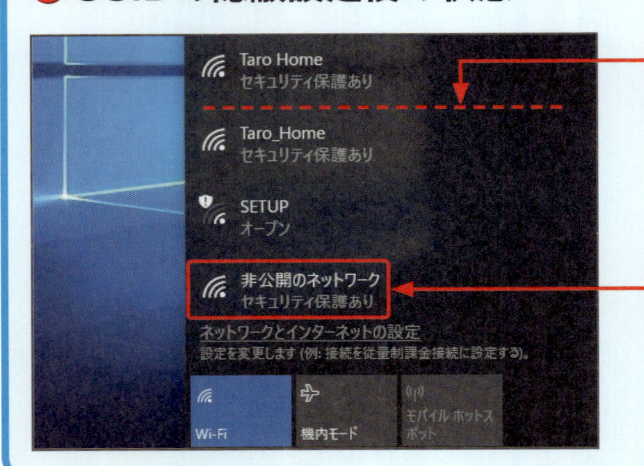

「Taro_Home_AC」というSSIDが非表示になり、

「非公開のネットワーク」が表示されます。

6 マルチSSIDを利用するには?

マルチSSIDは、同じ周波数帯にパソコン用とゲーム機用、ゲスト用など複数のSSIDを準備し、**用途によってSSIDを使い分ける機能**です。ゲストポートやゲストSSIDと呼ばれる場合もあります。Wi-Fiでは、セキュリティが低い古い機器と最新のセキュリティが高い機器が同じSSIDに接続されている場合、**セキュリティが低いほうに合わせる**という決まりがあります。マルチSSIDを利用することで、セキュリティが高い機器とセキュリティが低い機器を**分離**でき、セキュリティを向上できます。
また、**隔離機能**と呼ばれる機能を合わせて設定すると、複数のSSIDどうしを分離して、ほかのSSIDからアクセスできないようにできます。これによって、**家族専用のSSIDとお客さま用のSSIDを切り離し**、情報漏えいのリスクを減らすことができます。

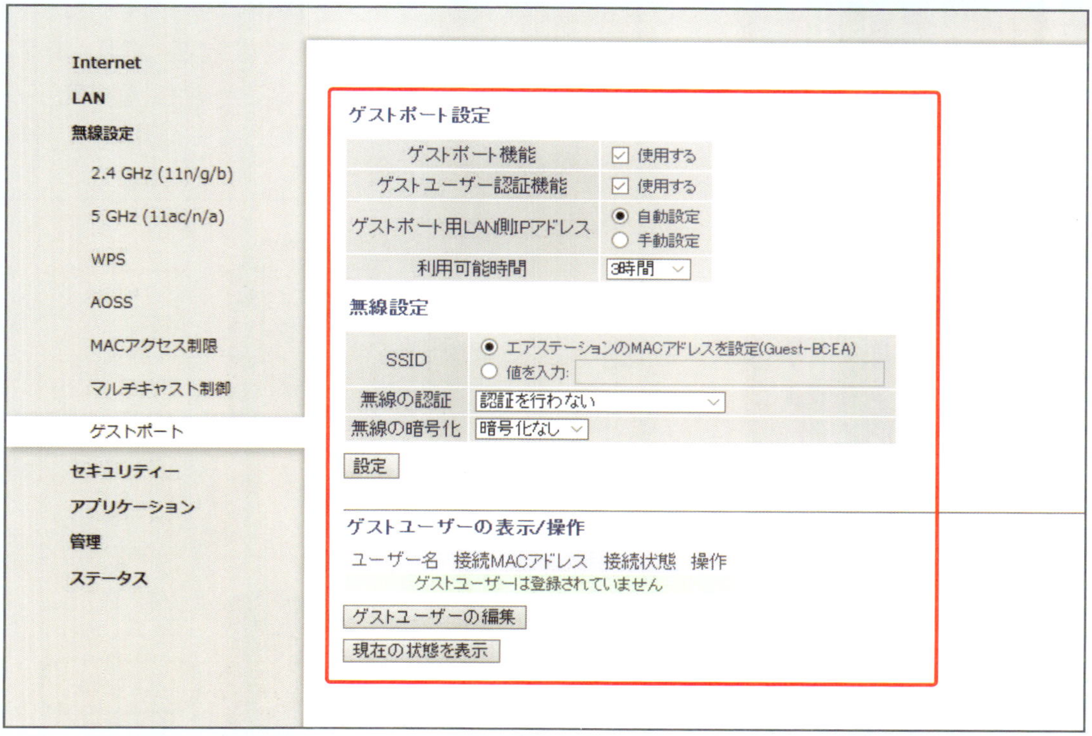

Internet
LAN
無線設定
2.4 GHz (11n/g/b)
5 GHz (11ac/n/a)
WPS
AOSS
MACアクセス制限
マルチキャスト制御
ゲストポート
セキュリティー
アプリケーション
管理
ステータス

ゲストポート設定

ゲストポート機能	☑ 使用する
ゲストユーザー認証機能	☑ 使用する
ゲストポート用LAN側IPアドレス	◉ 自動設定 ○ 手動設定
利用可能時間	3時間

無線設定

SSID	◉ エアステーションのMACアドレスを設定(Guest-BCEA) ○ 値を入力:
無線の認証	認証を行わない
無線の暗号化	暗号化なし

設定

ゲストユーザーの表示/操作

ユーザー名 接続MACアドレス 接続状態 操作
ゲストユーザーは登録されていません

ゲストユーザーの編集
現在の状態を表示

ルーターの設定画面。画面は、バッファローのWi-Fiルーター「WZR-1166DHP2」の設定画面。

速度が安定しないときは?

A 無線チャンネルを変更したり、5GHz帯をメインに利用すると速度が安定します。

1 Wi-Fiの速度低下の原因とは?

Wi-Fiは、近隣に同じ通信チャンネルを利用しているWi-Fiが多数あると**電波干渉**によって通信速度が低下します。たとえば、電波状態がよくても通信速度が不安定なときは、**通信チャンネルを変更**することで、速度低下を解消できる場合があります。
また、2.4GHz帯は、各無線チャンネルの帯域が重なりあう形で配置されており、電波干渉を起こさずに利用できる独立した無線チャンネルは、多くはありません。さらに電子レンジなどの家電でも利用されており、非常に混雑しています。このため、**2.4GHz帯から5GHz帯に周波数帯を変更**することでも速度低下を解消できる場合があります。

2 無線チャンネルを変更します

無線チャンネルの変更は、**Webブラウザーで Wi-Fiルーターの設定画面を表示**して行います。Wi-Fiルーターの取り扱い説明書などを参考に設定を行ってください。また、Wi-Fiルーターによっては、「倍速モード」がオフに設定されている場合があります。この設定をオンにすると、Wi-Fiの最大通信速度が高速化され、速度が高速化される場合があります。

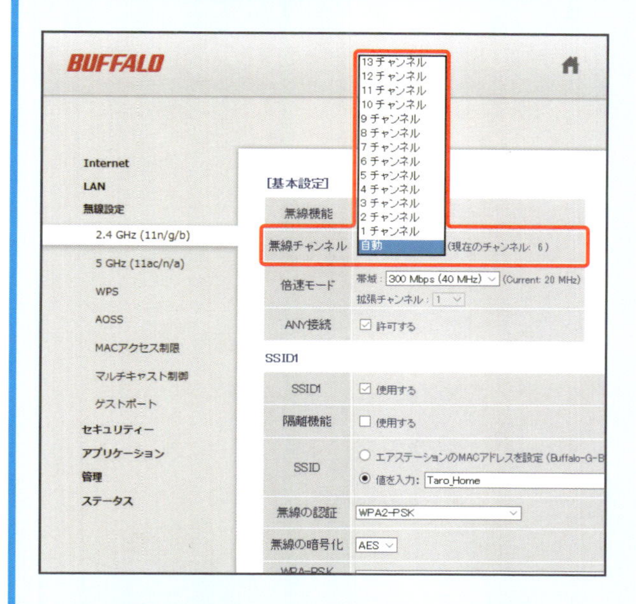

Wi-Fiルーターの無線チャンネルの設定画面。画面は、バッファローのWi-Fiルーター「WZR-1166DHP2」の設定画面。

Wi-Fiルーターの倍速モードの設定画面。画面は、バッファローのWi-Fiルーター「WZR-1166DHP2」の設定画面。

3 2.4GHz帯と5GHz帯の使い分けについて

Wi-Fiルーターとパソコンが2.4GHz帯と5GHz帯の両方に対応しているときは、**5GHz帯を利用**するのがおすすめです。5GHz帯は、すべての無線チャンネルが独立して配置されているだけでなく、チャンネル数も合計19チャンネルと2.4GHz帯よりも多く用意されています。5GHz帯は、近隣で多くの人がWi-Fiを利用していても**電波干渉を受けにくい仕様**となっており、**通信速度が安定しやすい**という特徴があります。
また、携帯用ゲーム機などの通信速度が多少遅くても問題ないような機器は2.4GHz帯に接続し、パソコンなど速度が必要な機器は5GHz帯に接続するというように、**利用する周波数帯を使い分ける**と効率的に運用できます。

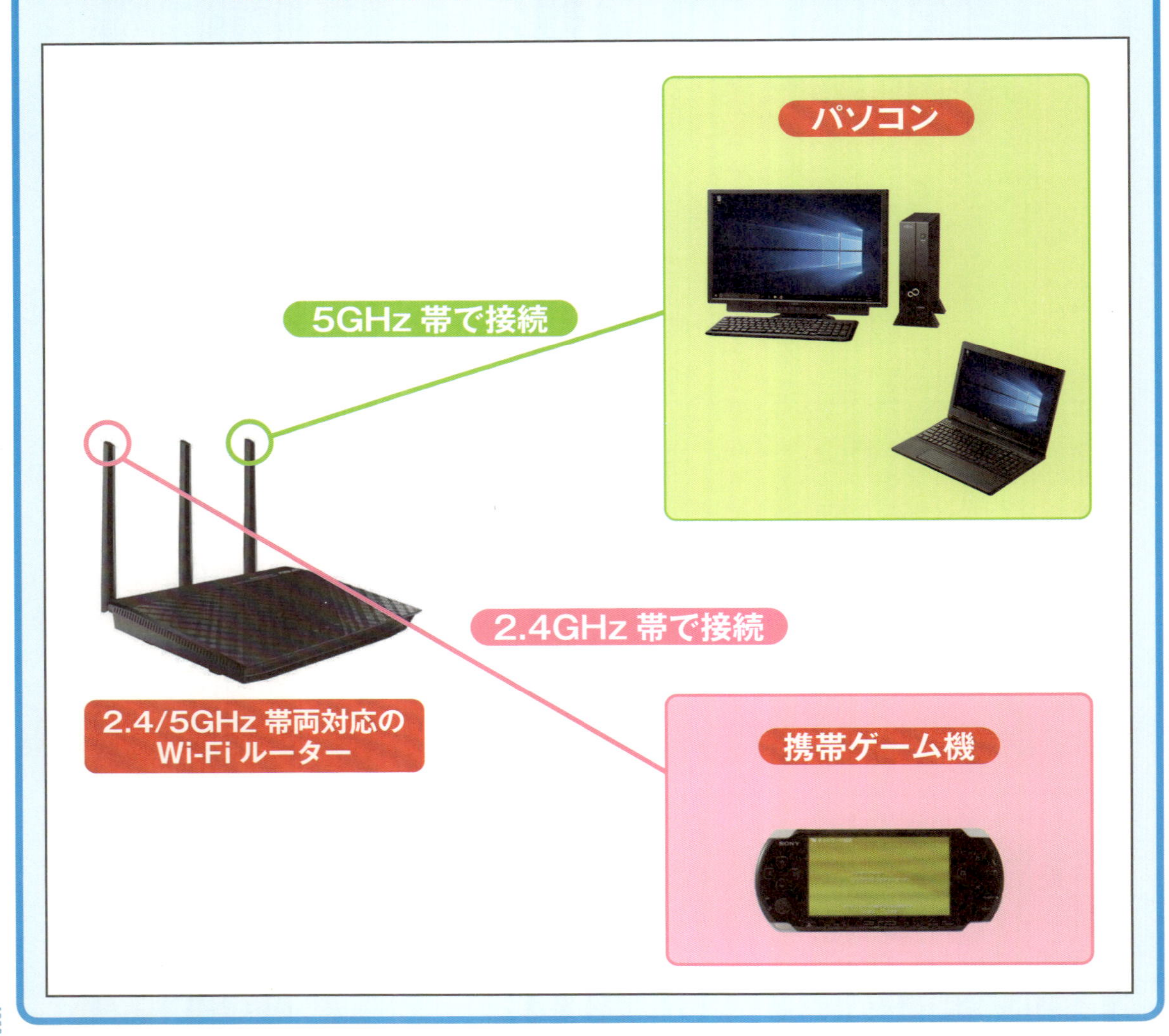

4 通信速度ごとの使い分けについて

Wi-Fiは、下位互換性を持って設計されているため、対応している通信規格すべてに対応しています。しかし、同じ周波数帯でも通信規格が異なる機器が接続されていると、**最大速度が低下する傾向**があります。
たとえば、5GHz帯のIEEE802.11ac対応のWi-FiルーターにIEEE802.11ac対応のパソコンとIEEE802.11n対応のパソコンが同時に接続していると、**両方が同じ通信規格のときよりも速度が低下**します。このため、通信速度を最大限高速化したいときは、通信規格ごとにWi-Fiのアクセスポイントを用意して運用することで通信速度の高速化を図れます。

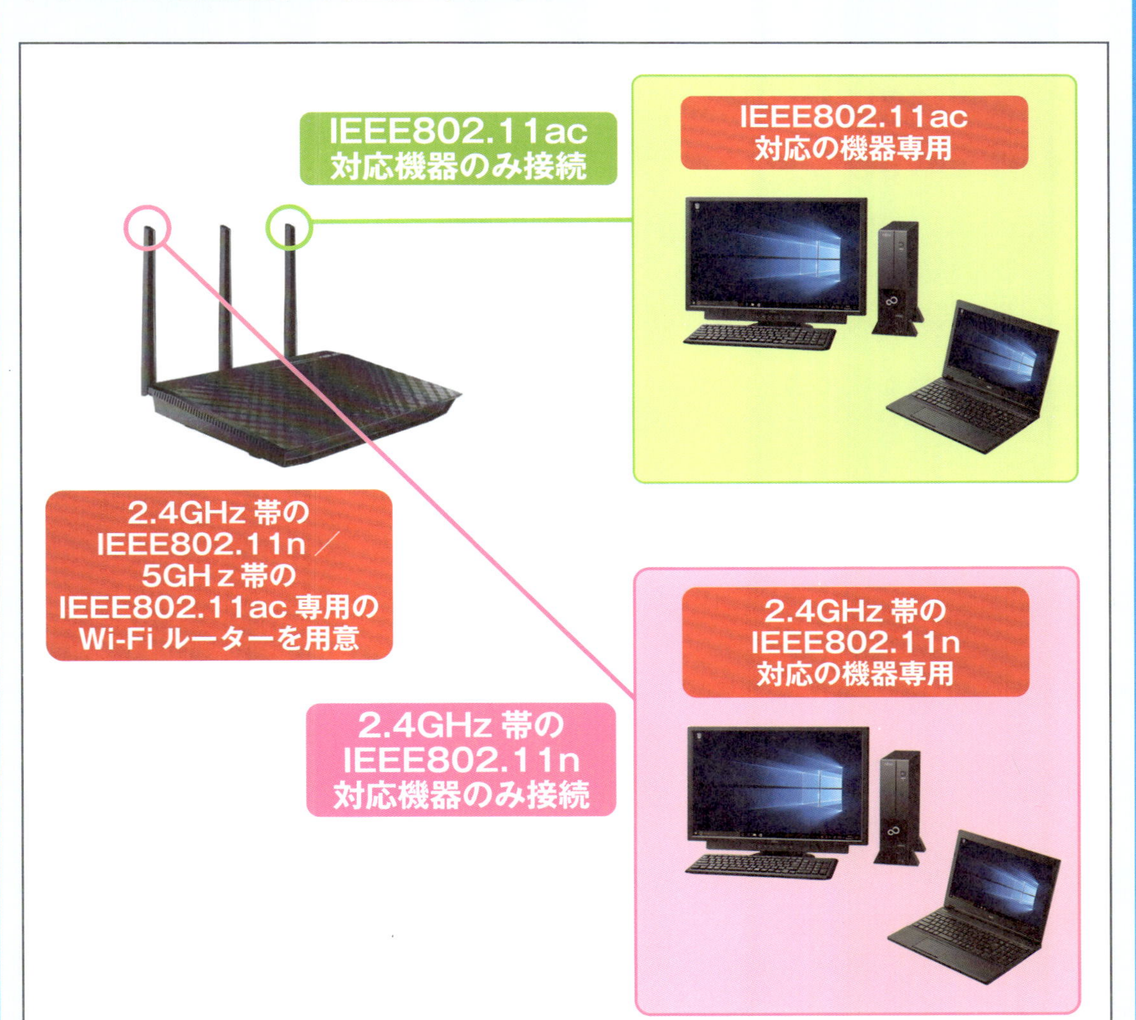

アクセスポイントが見つからないときは?

A SSIDの隠蔽が設定されています。接続設定を手動で作成してアクセスポイントに接続します。

1 アクセスポイントが見つからない原因

パソコンやスマホ、タブレットでWi-Fiの接続先リストを表示したときに、目的のアクセスポイントが見つからないときは、アクセスポイントに**「SSIDの隠蔽」が設定**されていると考えられます。SSIDの隠蔽が設定されたアクセスポイントに接続するには、接続先設定を手動で作成します。

● Windowsの場合

WindowsでSSIDの隠蔽が設定されたアクセスポイントに接続するには、Wi-Fiの接続先リストを表示し、「非公開のネットワーク」をクリックして画面の指示に従って作業します（手順の詳細は44ページ参照）。

第6章 困ったときのQ&A

iPhone／iPadの場合

iPhoneやiPadでSSIDの隠蔽が設定されたアクセスポイントに接続するには、Wi-Fiの接続先リストを表示し、<その他>をタップして画面の指示に従って接続先設定を手動で作成します。

Androidのスマホ／タブレットの場合

AndroidのスマホやタブレットでSSIDの隠蔽が設定されたアクセスポイントに接続するには、Wi-Fiの接続先リストを表示し、<ネットワークを追加>をタップして画面の指示に従って接続先設定を手動で作成します。

突然、Wi-Fiやインターネットが利用できなくなったときは?

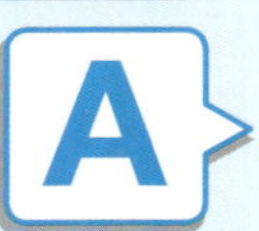

Wi-Fiルーターの再起動を試してください。これで問題を解決できる場合が多くあります。

1 Wi-Fiルーターの再起動を行うには

Wi-Fiルーターの**再起動**は、Webブラウザーを利用してWi-Fiルーターの設定画面を表示し、**設定画面から再起動を行う方法**と、**Wi-Fiルーターの電源を入れ直す方法**があります。突然、Wi-Fiが利用できなくなったり、インターネットが利用できなくなったときは、いずれかの方法でWi-Fiルーターの再起動を行って問題が解決できないか試してみてください。

●設定画面から再起動を行う

Wi-Fiルーターは、設定画面から再起動を行えます。Wi-Fiルーターの取り扱い説明書を参考に、**WebブラウザーでWi-Fiルーターの設定画面を表示**して再起動を行ってください。

Internet
LAN
無線設定
セキュリティー
アプリケーション
管理
システム設定
ログ
設定管理/再起動
ファームウェア更新
ステータス

設定管理

操作
設定ファイルを保存する
設定ファイルを復元する
設定を初期化する

パスワード
パスワードを使用する
パスワードを表示する

設定操作実行

再起動

再起動
エアステーションを再起動します。
再起動

Wi-Fiルーターの再起動を行うための設定画面。画面は、バッファローのWi-Fiルーター「WZR-1166DHP2」の設定画面。

Wi-Fiルーターの電源をオフ／オンを行います

Wi-Fiルーターは、電源スイッチを搭載している製品と搭載していない製品があります。電源スイッチを搭載した製品を利用しているときは、**電源スイッチを押して、Wi-Fiルーターを再起動**します。

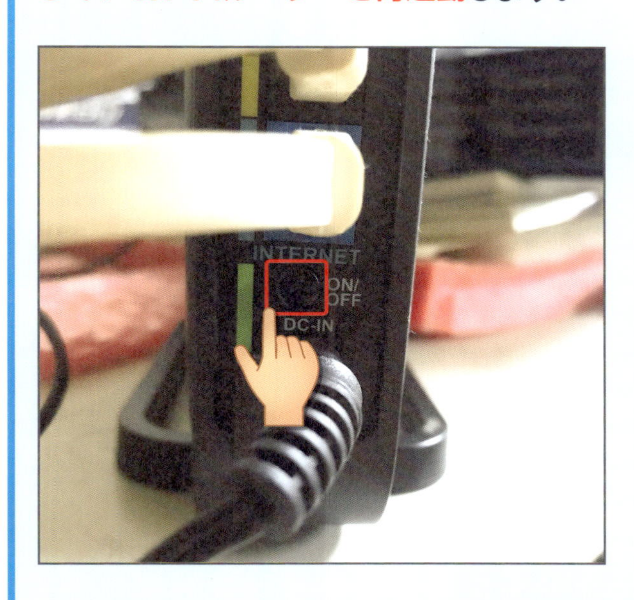

Wi-Fiルーターの電源ケーブルを抜き差しします

電源スイッチを搭載していないWi-Fiルーターを利用しているときは、**電源ケーブルの抜き差しを行って、Wi-Fiルーターを再起動**します。

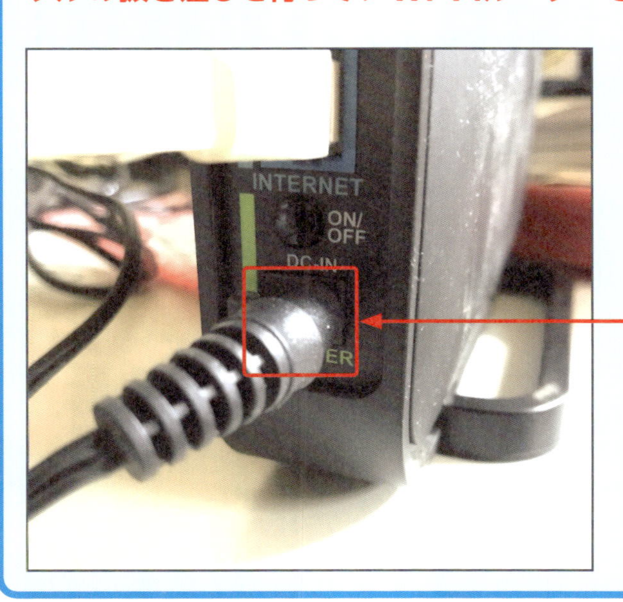

Index

本文デザイン

リンクアップ

編集・DTP・本文イラスト

オンサイト／中川ゆかり

装丁

田邉恵里香

カバーイラスト

イラスト工房（株式会社アット）

イラスト工房ホームページ
URL http://www.illust-factory.com/

担当

矢野俊博

技術評論社Webサイト
URL http://book.gihyo.jp

今すぐ使えるかんたん ぜったいデキます!
Wi-Fi 無線LAN 超入門

2018年3月1日 初版 第1刷発行

著 者 オンサイト
発行者 片岡 巌
発行所 株式会社技術評論社
東京都新宿区市谷左内町21-13
電話 03-3513-6150 販売促進部
03-3513-6160 書籍編集部
印刷／製本 大日本印刷株式会社

定価はカバーに表示してあります。

ISBN978-4-7741-9570-4 C3055
Printed in Japan

問い合わせについて

本書に関するご質問については、本書に記載されている内容に関するもののみとさせていただきます。本書の内容と関係のないご質問につきましては、一切お答えできませんので、あらかじめご了承ください。また、電話でのご質問は受け付けておりませんので、必ずFAXか書面にて下記までお送りください。
なお、ご質問の際には、必ず以下の項目を明記していただきますよう、お願いいたします。

1 お名前
2 返信先の住所またはFAX番号
3 書名
4 本書の該当ページ
5 ご使用のOSのバージョン
6 ご質問内容

FAX

1 お名前
技術 太郎
2 返信先の住所またはFAX番号
03-XXXX-XXXX
3 書名
今すぐ使えるかんたん
ぜったいデキます！
Wi-Fi 無線LAN 超入門
4 本書の該当ページ
123ページ
5 ご使用のOSのバージョン
iOS 11
6 ご質問内容
画面が表示されない。

問い合わせ先

〒162-0846 新宿区市谷左内町21-13
株式会社技術評論社 書籍編集部

「今すぐ使えるかんたん ぜったいデキます!
Wi-Fi 無線LAN 超入門」質問係
FAX.03-3513-6167

なお、ご質問の際に記載いただいた個人情報は、ご質問の返答以外の目的には使用いたしません。また、ご質問の返答後は速やかに破棄させていただきます。